燕麦饲草生产技术问答

◎韩 冰 王跃飞 王凤梧 等 著

U0306873

中国农业科学技术出版社

图书在版编目（CIP）数据

燕麦饲草生产技术问答 / 韩冰等著 . -- 北京：中国农业科学技术出版社，2021.10

ISBN 978-7-5116-5304-8

Ⅰ.①燕… Ⅱ.①韩… Ⅲ.①燕麦草－栽培技术－问题解答 Ⅳ.① S543-44

中国版本图书馆 CIP 数据核字（2021）第 086135 号

责任编辑 李冠桥　张诗瑶
责任校对 李向荣
责任印制 姜义伟　王思文

出 版 者 中国农业科学技术出版社
　　　　　　北京市中关村南大街 12 号　邮编：100081
电　　话（010）82109705（编辑室）　（010）82109702（发行部）
　　　　　　（010）82109709（读者服务部）
传　　真（010）82109698
网　　址 http://www.castp.cn
经 销 者 各地新华书店
印 刷 者 北京中科印刷有限公司
开　　本 140 mm × 203 mm　1 /32
印　　张 3.625　**彩插** 2 面
字　　数 93 千字
版　　次 2021 年 10 月第 1 版　2021 年 10 月第 1 次印刷
定　　价 28.00 元

《燕麦饲草生产技术问答》
著者名单

主　著　韩　冰　内蒙古农业大学

副主著　王跃飞　内蒙古自治区农牧业生态与资源保护中心

　　　　王凤梧　乌兰察布市农林科学研究院

参著人员　（以姓氏笔画为序）

　　　　刘慧艳　内蒙古农业大学

　　　　杨　燕　内蒙古农业大学

　　　　张春林　内蒙古农业大学

　　　　苗永茂　内蒙古自治区农牧业生态与资源保护中心

　　　　房丽宁　北京建木种业有限公司

　　　　赵鸿彬　内蒙古农业大学

　　　　赵瑛琳　内蒙古科技信息网络工程技术研究中心

　　　　崔晓红　内蒙古自治区农牧业技术推广中心种业
　　　　　　　　发展处

　　　　薛　凯　内蒙古自治区农牧业技术推广中心种业
　　　　　　　　发展处

　　燕麦又称铃铛麦，喜冷凉、抗旱、耐瘠性较强，适宜高寒地区种植，是一种传统而古老的粮食和饲料、饲草作物，在中国有着悠久的栽培历史，主要分布于东北、华北和西北的高寒地区。燕麦饲草茎叶繁茂、柔嫩多汁、适口性好，调制成青干草后草质优良。由于燕麦饲草含有丰富的粗纤维，同时还具有高的水溶性碳水化合物和较高的蛋白质含量，其理化特性可促进动物反刍次数增加，改善瘤胃功能，有利于尽早达到产奶高峰期，提高产奶量，对于刺激奶牛的咀嚼活动和维持稳定的乳脂率十分重要。另外，还可提高牛、羊受孕率，减少产后代谢性疾病、胎衣不下及产后瘫痪的发病率，因而能增进牛、羊的健康，尤其对延长奶牛寿命有着重要作用。

　　我国传统的燕麦饲草生产是在牧区分散的牧户建立小面积人工草地进行种植，灌浆后期打草，成为当地枯草季节的重要饲料来源；而在东北地区也有自种燕麦作为青饲料和青贮原料的奶牛场，这些多数是自产自用。随着奶业健康发展和奶产品质量安全意识的提高，对优质燕麦饲草的需求越来越大。10余年来，一些饲草企业大规模种植燕麦，在抽穗后至乳熟前期收割，调制成干草，成为商品草，打捆后出口国外或供给养殖企业，这种规模化种植能获得很高的经济效益。

　　我国幅员辽阔，区域跨度大，生态类型多样，实现燕麦饲草高产高效生产存在很多技术问题。为使更多人了解和掌握燕麦饲草种植技术，提高燕麦饲草的产量和品质，提高商品草的国际市场竞争力，充分发挥我国北方燕麦主产区栽培历史悠久和地理环境条件优势，我们结合内蒙古自治区（全书简称内蒙古）及周边省（自治区、直辖市）燕麦产区开展的栽培技术研究成果和饲草基地建设经验，总结撰写此书，期望为燕麦饲草生产中遇到的问题提供快速、直接的解决办法，为生产者提供便利。

　　本书大部分的内容是整理了全国燕麦饲草种植者与作者咨询探讨过的问题，虽然努力兼顾全面，但难免存在疏漏。本书在撰写时力争避开理论和繁杂的数据分析，直接针对生产问题给出答案，尽量做到易懂易操作。由于作者水平有限，本书与预期设想还有很大差距。因此，恳请各位读者和同行对错误和不足之处给予指正，为本书的再版改进，也为发展燕麦饲草事业共同努力！

　　感谢内蒙古自治区科技成果转化项目 CGZH2018143 和 CGZH2018183、内蒙古自然科学基金 2019MS03060、内蒙古自治区科技计划项目 2019GG259 对本书的支持！感谢内蒙古农业大学燕麦分子育种团队各位队友的辛苦付出！

作　者

2020 年 12 月

hanshuyue1234
作者微信号

燕麦佳人
作者团队微信公众号

目　录

第七章　病虫害防治 ················ 76

第一章

燕麦饲草发展趋势

一、燕麦是世界性作物吗?

是。燕麦是长日照、喜冷凉作物,在全世界的 42 个国家都有栽培,主要集中在北纬 40°以北的亚洲、北美洲和欧洲地区种植,因此这一地区被称作北半球燕麦带。北半球燕麦带栽培的燕麦以带稃型的皮燕麦为主,大多数为饲用,少数为食用。

二、燕麦饲草在我国发展前景如何?

燕麦饲草作为饲草料的重要组成部分,随着"草牧业""粮改饲""草田轮作"的快速推进,国家和地方补贴政策的逐步实施,极大地调动了燕麦饲草种植的积极性,我国燕麦饲草生产区域和种植面积迅速增加,国内燕麦饲草发展迅速,应用越来越广泛,燕麦饲草生产专业化、商品化程度也逐步提升,具有广阔的发展前景。

三、燕麦饲草的发展具有什么意义？

从全国草牧业发展现状来看，饲草料短缺仍是限制我国畜牧业发展的主要因素，建立高产优质燕麦饲草生产基地，将极大提高高寒地区饲草生产供给能力和冷季饲草贮备能力，并通过暖棚养畜、生态畜牧业专业合作社和畜牧业集约化生产等建设，提高饲草补饲能力。同时，肉牛和肉羊规模化养殖的快速发展也需要大量的燕麦饲草。因而，在我国北方草原牧区和农牧交错区大力发展燕麦饲草产业，一方面，促进了当地畜牧业的发展；另一方面，减轻草原放牧压力，使退化草原得以恢复，发挥其生态服务功能。

四、燕麦饲草的发展趋势怎样？

随着抗旱、抗盐碱、抗寒等燕麦专用品种的培育，燕麦饲草在退化草地恢复、沙化和盐碱化土地治理中的应用前景将非常广阔。燕麦是反刍动物不可或缺的饲草，因而，随着畜牧业发展，燕麦饲草具有良好的发展前景。

五、近 5 年我国燕麦饲草进口数量是多少？

2015—2019 年，我国燕麦饲草平均进口量为 24.34 万吨，2015 年最低为 15.15 万吨，2017 年进口量最高达 30.81 万吨。2019 年我国燕麦饲草进口数量达 24.09 万吨，进口量有所回落，同比下降 17.9%；燕麦饲草进口金额为 8 636.82 万美元，同比增长 8.3%。2020 年 1—2 月国内燕麦饲草进口数量达 5.23 万吨，比 2019 年同期增长 40.5%，燕麦饲草进口金额达 1 842.88 万美元，同比增长 48.1%（图 1-1）。

图 1-1　2015—2020 年 2 月我国燕麦饲草进口数量

（资料来源：中国海关，华经产业研究院整理）

六、进口燕麦饲草价格如何？

进口燕麦饲草价格主要受澳洲干旱影响，燕麦饲草供给短缺会导致价格上涨。2019 年 3 月起进口燕麦饲草平均到岸价已超过苜蓿价格，达 358.52 美元 / 吨（图 1-2）。出于成本考虑，2018 年、2019 年牧场进口燕麦用量有所减少。

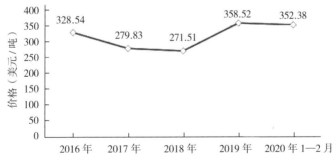

图 1-2　2016—2020 年 2 月燕麦饲草平均到岸价格

（资料来源：中国海关，华经产业研究院整理）

七、国产燕麦种子和进口燕麦种子有什么差异？

国产燕麦种子与进口燕麦种子有差异，但差异较小。进口燕麦种子多为皮燕麦，国产燕麦种子皮燕麦、裸燕麦都有；进口燕麦种子净度和发芽率高，种子质量较好（排除有不法商家用劣质原粮冒充种子的现象），但饲草生产时可能存在适应性差的问题，饲草产量和品质不是所有进口种子都占优势；国产燕麦种子因经营者而异，质量参差不齐，但只要发芽率好，纯净度达到国家标准，品种选对，会比进口种子获得更高的产量。

八、国产与进口燕麦饲草的主要差异是什么？

由于国内种植燕麦的很多区域相比澳大利亚气候更为冷凉，如果能在燕麦抽穗期收割，国内的燕麦饲草蛋白质含量一般高于进口燕麦，中性洗涤纤维（NDF）与进口燕麦相比含量接近甚至更低（NDF ≤ 55%），所以只要控制好刈割时间，国产燕麦的饲用价值一般会好于进口燕麦。但是，由于调制方法落后，我国燕麦饲草的外观普遍较差。

九、我国燕麦主要种植区域有哪些？

燕麦饲草生产主要分布在华北、西北、西南、东北区域。具体讲主要在内蒙古、青海、宁夏、甘肃、河北、新疆等省（自治区）。我国传统栽培的燕麦以裸燕麦为主，大多数食用，少数饲用。

十、燕麦有什么营养价值？

燕麦是禾谷类作物中营养价值最高的作物之一。燕麦籽粒的蛋白质、脂肪、热量、膳食纤维以及铁、锌、钙等元素含量在禾谷类作物中均名列前茅。燕麦蛋白质含量一般在13%~22%，多数为16%左右，是粳米、籼米的2倍多，比国标二等小麦粉高65.8%，比玉米高75.3%。燕麦粉中还含一般谷物食品中均缺少的酚类抗氧化物皂苷。因此，燕麦是一种营养特别丰富的具有保健功能的谷类作物。

十一、燕麦有什么保健价值？

燕麦是社会认知度较高的药食同源作物。美国《时代》杂志评出的十大健康食品之一，燕麦名列第五，是唯一的谷类作物；在2017年中国营养学会评出的10种好谷物中名列第三；1997年正式被美国食品药品监督管理局批准为首列保健食品，同样是在1997年被中华人民共和国卫生部批准为调节血脂功能的保健食品（品牌：世壮麦片）。燕麦以营养价值高、全面、平衡著称于世，正如美国谷物学家罗伯特博士所说，与其他谷物相比，燕麦具有独一无二的特色，即具有抗血脂成分、高水溶性胶体、营养平衡的蛋白质，又对提高人类健康水平有着异常重要的价值。现代医学和营养学研究表明，燕麦籽粒中含有的蛋白质、脂肪、淀粉、膳食纤维、抗氧化物、维生素和矿物质等对人体有着降血脂、降血糖、减肥、美容等多种功效。因此，燕麦作为一种功能性保健食品风靡世界，得到了很好的开发，特别是在我国，通过研发加工新产品、完善开发传统食品，使燕麦走出了产区，走向了全国，走出了农家餐桌，走进了宾馆饭店，使燕麦这一小作物跃升为大产业，成为国人的第一大谷物类功能保健食品。

十二、燕麦有什么饲用价值?

　　燕麦青干草品质优良，是反刍动物重要饲料。燕麦饲草具有更低的 NDF，更高的水溶性碳水化合物（WSC，俗称可溶性糖，所以燕麦饲草有甜干草之称）。燕麦饲草的理化特性对于刺激奶牛的咀嚼活动和维持稳定的乳脂率是十分重要的，奶牛对日粮中有效 NDF 水平的变化，对其物理反应是咀嚼活动。燕麦饲草含有丰富的粗纤维，可形成瘤胃垫刺激瘤胃壁，增加反刍次数，增加唾液分泌量，缓冲 pH 值，减少瘤胃酸中毒，改善瘤胃功能，有利于尽早达到产奶高峰期，提高产奶量。燕麦饲草可提高奶牛受孕率，减少产后代谢性疾病、胎衣不下及产乳热的发病率，对提高奶牛的健康，延长奶牛寿命有帮助。

　　燕麦茎叶繁茂、柔嫩多汁、适口性好，是理想的青饲料。用青刈燕麦或燕麦干草饲喂奶牛，可提高奶牛的产奶量，这是世界养牛业公认的一项有效措施。

十三、燕麦饲草有几种类型?

　　燕麦作为饲草在我国可分为两种类型，一种是我国北方传统意义上的黄干草，即把进入成熟期的燕麦脱粒后余下的秸秆称为黄干草。营养价值很低，只可作为粗饲料中的低质饲草使用。另一种是青干草、鲜草，就是针对饲喂家禽、家畜的需要，在拔节至开花期刈割作为青绿饲料的饲草。此时燕麦柔嫩多汁，适口性好；也可在收割后经天然或人工干燥制成干草，优质干草呈青绿色，叶片多且柔软，有芳香味。它是粗饲料中的优质饲草。

十四、什么是燕麦青干草？

以收获青绿植株作为饲草的燕麦，称为刈青燕麦。主要指在燕麦青绿期适时刈割，刈割后直接饲喂或者制作青贮的称青鲜草，刈割后通过晾晒作为饲草的称燕麦青干草。燕麦作为饲草，营养价值高，饲喂效果好，是奶牛、育肥牛的上等饲草，因此全世界种植的 74% 用来做家畜、家禽的饲草饲料，特别是青干草、鲜草备受欢迎。

十五、燕麦青干草的主要营养成分如何？

表 1-1 显示了我国生产的燕麦青干草的营养成分特点，酸性洗涤纤维（ADF）和 NDF 在三级之上含量范围；WSC 含量的平均水平虽低于进口澳大利亚的，但是粗蛋白质（CP）含量远远高于进口草，国产燕麦饲草高的蛋白含量会在一定程度上弥补我国日粮中的蛋白。

表 1-1　中澳燕麦青干草营养指标对比　　　　（单位：%）

序号	对比项	澳洲燕麦草	国产燕麦草
1	酸性洗涤纤维（ADF）	25~37	30~40
2	中性洗涤纤维（NDF）	44~61	50~63
3	水溶性碳水化合物（WSC）	16~32	6~17
4	粗蛋白质（CP）	3.5~9	7~18

（续表）

序号	对比项	澳洲燕麦草	国产燕麦草
5	水分	8~12	9~14
6	灰分	5~7	6~9

十六、燕麦秸秆有什么饲用价值？

燕麦秸秆是北方常见的低质粗饲草，但其中的蛋白质、脂肪、浸出物含量都高于小麦、黑麦、大麦等其他谷类作物的秸秆。燕麦秸秆中 CP 含量可达 1.3%，高于小麦的 1.1% 和黑麦的 0.6%。低质粗饲料价格较便宜，较多发挥的是物理营养功能，起到促进牲畜进食、增加咀嚼次数、刺激瘤胃壁、增加反刍次数、缓冲 pH 值、改善瘤胃功能等功效。而优质精饲草除发挥物理营养功能外，也发挥重要化学营养功能。

十七、燕麦籽实的饲用价值高吗？

燕麦籽实是饲养幼畜、老畜、病畜和重役畜及鸡、猪等家畜的优质饲料。使用燕麦籽实喂养家禽可提高产卵量并使卵粒增大。

十八、燕麦稃皮有饲用价值吗？

燕麦稃皮具有一定的营养价值，可作为饲料填充物使用。燕麦稃皮中蛋白质含量为 3.0%，高于小麦的 2.3%，燕麦稃壳作饲料填充物可防止雏鸡因营养不良引起的羽毛脱落。

十九、燕麦饲草在农牧业发展中的意义是什么？

　　燕麦是一种喜冷凉、耐瘠薄、抗旱性比较强的作物，主要分布在我国华北北部、西北和东北地区的高纬度、高海拔、高寒、半干旱地区，也称"镰刀弯"地区。这一地区气候冷凉、干旱少雨、土壤贫瘠、风沙大，地处农牧交错带和农牧镶嵌区，是我国最大的畜牧业生产基地，也是国家"粮改饲"的重点区域之一。该地区种植其他作物热量不够，水分不足，产量低，品质差。加大燕麦种植面积有利于轮作倒茬，充分发挥燕麦特性，使该地区的饲草业产量提高，品质提升，得到可持续发展；同时，由于燕麦刈青饲草品质优良，饲喂效果好，可提高产区肉、蛋、奶的品质，对该地区农牧业的发展有着极其重要的意义。

二十、我国为什么要大力发展燕麦饲草产业？

　　燕麦饲草业发展具有广阔的前景。近年来，由于家畜养殖对饲草料需求量的日益增长，造成我国草地严重退化，要实现畜牧业稳定高速发展仅仅依赖天然草场是不现实的。因此，在气候严酷、冷季漫长、暖季短暂的高寒牧区，只有建立高效优质的人工草地并配套先进饲草料加工技术才能解决我国高寒草地草畜供求季节不平衡的矛盾。鉴于燕麦在高寒地区具有独特的适应能力，在放牧家畜冷季补饲中发挥着其他饲草饲料作物不可替代的作用，并可将其调制干草、制作青贮料或配合饲料饲喂家畜等特点，因而要大力发展。

二十一、为什么奶牛和奶羊等都需要饲喂燕麦饲草？

燕麦饲草对维持奶牛营养需要和健康体况，提高产奶量和生鲜乳质量发挥着重要作用。目前燕麦饲草已在家畜日粮搭配中发挥着非常重要的作用，为广大牧场带来了效益，因而燕麦饲草成为不可替代的优质精饲草。

第二章

燕麦基础知识

一、燕麦和莜麦有什么关系？

莜麦是燕麦的一种。燕麦可根据其种子是否带壳分为皮燕麦和裸燕麦。在我国西北燕麦的主产区称裸燕麦即为"莜麦"。

二、裸燕麦与皮燕麦的区别有哪些？

燕麦在植物学的分类中属于单子叶植物纲、莎草目、禾本科、燕麦族、燕麦属一年生草本植物。一般根据籽实是否带稃分为皮燕麦和裸燕麦两大类。裸燕麦，即裸粒型燕麦，护颖较短而软，成熟时籽粒裸露，圆锥花序，外稃不包籽实与内稃，籽粒与内外稃分离、内外稃膜质无毛、形状构造相似、大小不一，外稃具 9~11 脉；小穗一般具有 3 朵以上小花，呈鞭炮形、串铃形，小花梗较长（＞5 毫米）、弯曲。皮燕麦，即带稃型燕麦，护颖较长而硬，成熟时籽粒包被于颖壳之中，内外稃形状大小几乎相等，外稃具有 7~9 脉；小穗一般具有 2~3

朵小花，呈纺锤形或燕翅形，小花梗较短不弯曲。

三、燕麦是自花授粉植物吗？

是。燕麦是严格的自花授粉植物。燕麦的天然异交率仅有0.01%。

四、燕麦的主要器官有哪些？

从外部形态上看，一株燕麦可分为根、茎、叶、穗、花、果实6个部分。

五、燕麦的根系有哪些特征？

燕麦属须根系作物，它的根分为初生根和次生根。

初生根又叫"种子根"。当燕麦种子萌发后，白色的胚根首先露出，随后被迅速生长的初生根穿破，有一对侧生根（初生根）生出，不久再生出另一对侧生根，这些都属于种子根，一般有3~5条，最多时可达8条。初生根表面着生许多纤细的根毛，其寿命可维持2个月左右，它的主要作用是吸收土壤中的水分和养分，供应幼苗生长发育，直到次生根生长出来。初生根有较强的抗旱和抗寒能力，可保证幼苗在遇到 −4~−2℃的温度时不致冻死，或在表层土壤含水量降到5%左右时，保证幼苗能正常生长不被旱死。

燕麦次生根，又叫"永久根"。次生根着生于分蘖节上，形成须根。次生根一般密集于地表10~30厘米的耕作层中，最深可达200厘米。燕麦的次生根一般比小麦多，且扎得深，范围广，因此吸收水肥的能力也强。

六、燕麦的茎秆有哪些特征?

燕麦的茎比小麦粗而且软,茎中空而圆,表面光滑无毛。其长度依品种和环境而变化,60~150厘米。燕麦的茎中空有节,茎秆的节数和节间的长度以及茎秆的粗细随着品种和外界条件而发生变化,茎节数目一般5~6节,但也有4~8节的情况。地上的各节除最上一节外,其余各节都有一个潜伏芽。通常这些芽不发育,但在主茎发育受到抑制时,这些芽也能长出新枝,同样可以抽穗结实。燕麦茎秆直径4毫米左右,秆壁厚约0.3毫米,髓腔较大。

燕麦的穗节长度随着株高而变化。据调查,株高在120厘米时,穗节长度约70厘米。如果株高在100厘米时,穗节长约50厘米,穗节以下各节总长约50厘米。通常穗节与其下面各节长度的比,作为鉴定抗倒伏品种的依据之一, 一般穗节越长抗旱性越强。燕麦茎秆在接近成熟时其颜色一般为黄色,但也有的品种茎秆为橙黄色或紫色。茎的表皮外有蜡质层,其蜡质层薄厚因品种和栽培技术而异,同一品种种植在水地蜡质层较薄,种在旱地蜡质层较厚。

七、燕麦的叶片有哪些特征?

燕麦的叶包括叶片、叶鞘、叶舌、叶关节4个部分。与其他麦类作物的不同点是燕麦无叶耳。叶片薄平质软,长度约25厘米,宽度1.3~3.0厘米;叶片挺直或下垂,长而狭窄渐细,也有短而宽的。叶片颜色因品种不同而有浅绿色至深绿色之分。在叶缘和叶背有细毛,这一特征可作为鉴定品种的依据。叶鞘包茎秆节间,于基部闭合,一般外部被毛,叶鞘有保护和加固茎秆的作用。燕麦的叶舌发达，膜质，白色，长约 3 毫米，顶端边缘呈锯齿状。叶关节是叶片与叶鞘连接的关节，颜色发灰白，平滑，宽为 1~2 毫米。燕麦的主茎一般有 7（5）~11 片叶。叶的功能主要是进行光合作用，制造营养物质。

燕麦每个节上着生一个叶，叶片停止生长时间比茎秆早。叶片的大小（长宽）自下而上逐渐加大，而旗叶又变小。旗叶和旗下叶是后期整个灌浆阶段植株光合作用、制造有机养分的主要器官。因此在生产上，采取有效措施，延长其寿命，对增加千粒重、提高产量至关重要。若燕麦叶面积系数大，易造成田间郁闭，是燕麦容易倒伏的原因之一。

八、燕麦的穗有哪些特征？

燕麦的穗为圆锥花序，整个花序称为穗。穗由穗轴和各级穗分枝组成。根据穗分枝与穗轴的着生状态，燕麦穗可分为周散型、侧散型和紧穗型 3 种穗型。穗分枝基部多，越往上越少，穗分枝环绕穗轴向四周均衡散开的穗型称为周散型，抽穗后不久，所有的穗分枝倒向穗轴一侧的穗型称为侧散型，穗分枝紧靠穗轴生长，整穗形成紧凑结构的穗型为紧穗型。燕麦的穗分枝在穗轴上为半轮状着生，每一个半轮上着生的穗分枝称为一个轮层，通常 5~6 层。每个轮层上着生许多穗分枝，穗分枝又着生小枝梗，着生在穗轴上的分枝为一级分枝，着生在一级分枝上的分枝为二级分枝，依此类推。分枝穗常弯曲下垂，穗分枝与穗轴之间构成的角度，通常是区别品种的依据之一。多数品种的穗轴与穗分枝成锐角，少数呈水平状，有的甚至呈钝角，轮层与轮层间距离大小，分枝数目多少、长短，除取决于品种固有特性外，因栽培条件不同，也会产生变化。

燕麦的小穗着生在各级枝梗的顶端或枝梗节上，由小穗枝梗、2片护颖和多个小花组成，2片护颖托着多个小花。皮燕麦与裸燕麦的小穗有所不同，皮燕麦的小穗枝梗短，一般其内外稃包着的小花长度不会超出护颖的长度，形成燕尾状，故称燕尾铃；裸燕麦多为串铃形，即小穗枝梗比较长，而且一个比一个长，花朵形成一串，称串铃形，一串有4~6朵花，多的可达十几朵花。燕麦的穗一般有15~40个小穗，多的可达100多个。小穗数的多少与品种及栽培条件相关，水肥条件充足，种植密度小，在枝梗与小穗分化期间温度低、光照时间短，形成的小穗多，反之小穗少。

九、燕麦的花有哪些特征？

燕麦的花由1片内稃、1片外稃和3个雄蕊、1个雌蕊组成。燕麦的外稃大于内稃。皮燕麦的内外稃与裸燕麦有所不同，皮燕麦的内外稃革质化，比较坚硬，成熟后紧紧包着种子，脱粒后仍不与种子分离，故称为皮燕麦，紧包着的内外稃也被称之为壳。裸燕麦的内外稃膜质化，较软，成熟后易与种子分离，脱粒后内外稃破碎，种子呈裸粒状，故称裸燕麦。裸燕麦种子大部分的内外稃脱粒时都被脱去，但少部分的内外稃革质化，包着种子，被称之为带壳籽粒。燕麦小花为单子房，柱头2裂呈羽状，子房被茸毛包被，两侧有鳞片2枚。开花前由内外稃紧紧包着雄蕊与雌蕊，开花后花丝将花药推出内外稃，为典型的自花授粉作物。燕麦的每一小穗结实多为2~3粒，多的可达4~6粒或以上。结实粒数的多少与品种和栽培条件有关。结实粒数多的品种籽粒大小差异较大。

十、燕麦的果实有哪些特征?

燕麦的籽粒(果实)为颖果,由果皮、胚和胚乳组成。裸燕麦颖果与内外稃分离,瘦长有腹沟,籽粒表面有茸毛,顶端茸毛较多。茸毛的多少品种间差异较大。燕麦籽粒形状、大小及颜色因品种不同而不同。燕麦同一穗中的籽粒大小很不一致,以基部第一籽粒最大,依次递减,其结实率以基部第二朵花最高,通常顶端的小花退化不结实,燕麦的果实着生于小穗上,内稃与外稃中间。皮燕麦内外稃紧包着种子,需要通过机械加工才能脱壳,脱壳后的种子与裸燕麦种子无差异;裸燕麦在收获时内外稃与种子分离,脱粒后为裸粒型,加工时不用脱壳。

十一、燕麦有哪几个生长发育时期?

在燕麦的整个发育时期,从种子萌发出苗到形成饱满的籽粒,可划分为发芽与出苗期、分蘖与扎根期、拔节期、抽穗期、开花期、灌浆期及成熟期7个时期。有的生育时期较长,有的较短,重叠进行,但各个阶段都有不同的特点。掌握这些特点,根据各个时期燕麦对环境条件的要求,采取适宜的栽培措施,满足燕麦各个时期生长发育条件,对进一步提高燕麦产量有着重要的指导意义。

十二、燕麦发芽与出苗期有什么特征?

燕麦种子播入土中,在适宜的水、气、热条件下,种子开始萌发,胚首先生长胚根,胚根萌发,突破根鞘,生出3条初生根,在个别情况下可观察到2~6条,随着胚根鞘的萌动,胚芽鞘也开始萌动，然后胚芽突破胚芽鞘长出地上部分的幼苗。通常把胚根长到等于种子的长度，胚芽长到种子长度的1/2时，作为种子完全萌发的标志。胚芽鞘具有保护第一片绿叶伸出土壤时不受损害的作用，胚芽鞘的长度与播种深度关系极大，播种越深，胚芽鞘越长，长出的幼苗也就越弱，反之则相反，通常胚芽鞘露出地表即停止生长，然后由胚芽长成地上部分的绿叶，当第一片绿叶高出地表 2~3 厘米时即为出苗。此时条播竖看成行，出苗 50% 的日期为出苗期。发芽出苗的好坏与种子质量有密切关系，大而饱满的种子，内含营养物质充足，扎根快，出苗早，叶片大，幼苗壮。一般春播燕麦出苗需要 2 周，夏播则需要 2~7 天，与播种时的气候有关。

十三、燕麦分蘖与扎根期有什么特征?

燕麦出苗后，约经 3 周，燕麦幼苗长出第三叶，而且完全展开，此时在土层下 1.6 厘米左右的腋芽开始发育，并长出第一个腋叶，同时长出次生根，即为分蘖，有 50% 的幼苗达到分蘖的日期为分蘖期。开始分蘖时，植株生长缓慢，而地下部分的根系生长加快，在基节外形成次生根。燕麦的主秆地下部分各节都能分蘖，因此叫分蘖节。分蘖节所处的位置谓之分蘖位。分蘖位较低的，分蘖发生较早，因此秆高穗大；分蘖位较高的，分蘖较晚，往往秆细穗小，成熟延迟，甚至不能抽穗。分蘖数相等的情况下，分蘖位越低，则收获量越大。

燕麦的分蘖是在分蘖节上由下而上依次发生的。生长在主茎的分蘖，如果生长环境条件好，在第一次分蘖基部的节可以再发生第二次分蘖，在第二次分蘖上还可以发生第三次分蘖，以至第四、第五次分蘖，甚至更多。但分蘖多了，因时间延长，也会造成分蘖数差异大的现象。有的则因生长太迟，而造成无效分蘖，即不能够抽穗结实的和生育期间死亡的分蘖。一般第一次分蘖能够抽穗结实，称之为有效分蘖。

影响燕麦分蘖与扎根的因素较多，主要与品种、播种时间、种植密度以及土壤水分、养分的供应状况有着密切的关系。在品种、种植密度相同的情况下，土壤中水分和营养物质供给状况是决定分蘖多少与成穗率高低的重要因素。

十四、燕麦拔节与孕穗期有什么特征？

燕麦幼苗茎基部第一节伸长，露出地面 15~20 厘米，用手触摸有一硬节，即为拔节，50% 的幼苗达到拔节的日期为拔节期。春播燕麦从分蘖到拔节一般需经历 3 周左右。

拔节期是燕麦整个生长周期的转折点，此时是决定每穗粒数和不孕小穗多少的关键时期，对于穗数、铃数、穗粒数和产量影响极大。此时适当的追肥浇水不仅提高成穗率而且减少不孕小穗，提高结实粒数。

当燕麦最后一个节间伸长，旗叶露出叶鞘时称孕穗。全田有 50% 以上的植株达到此标准为孕穗期。孕穗期标志着燕麦进入以生殖生长为主的阶段。

十五、燕麦抽穗与开花期有什么特征？

孕穗期过后，由于燕麦开花时从顶部向基部发展，而且边抽边开，界限不明显，相隔时间短，所以通常将燕麦抽穗开花记作一个时期，称抽穗开花期。

燕麦的开花顺序：整个穗是由上部小穗先开，依次向下；一个枝梗，顶部铃先开，由外向内；一个小穗基部先开，由基部向上。每天开花 1 次，即 14—16 时花朵开放，16 时左右开花盛期。每朵小花自舒张开至闭历时 90~135 分钟，从花舒张开到花丝伸出需要 10~20 分钟。影响开花散粉和正常受精的主要因素是温度、湿度和光照。燕麦开花时雌雄蕊同时成熟，授粉是在花内外稃开始开放时或开放前开始的，所以天然杂交率极低，仅为万分之一，属自花授粉作物。

十六、燕麦灌浆与成熟期有什么特征?

授粉后的胚和胚乳开始发育，茎叶所制造和贮藏的营养物质向籽粒输送，子房开始逐渐膨大，营养物质积累。籽粒中营养物质积累过程称为灌浆。灌浆期与温度、湿度及光照有关，一般为 30~40 天。当燕麦穗子变黄，籽粒变硬，达到品种种子固有大小时称为成熟期。燕麦穗的结实、灌浆、成熟顺序同开花一样，自上而下、由外向里，即穗顶部的小穗先成熟，下部的后成熟，每一分枝顶端小穗先成熟，基部小穗后成熟。燕麦这种成熟过程的特点，致使全穗的成熟度颇不一致，籽粒大小不匀。

十七、燕麦的生殖生长起始于哪个时期?

燕麦的生殖生长起始于分蘖期，在这个时期开始燕麦幼穗的分化。燕麦出苗后 20 天，在茎伸长的同时，开始了幼穗的分化和伸长。从田间表现为茎秆长出 4 片叶的时候，此时穗的生长点开始延长。由茎叶的营养生长，转变为分化生殖器官——穗和花的生殖生长，这是一个质变。

十八、燕麦幼穗分化可分为几个时期?

幼穗分化可分为 7 个时期，分别为初生期、伸长期、梗枝分化期、小穗分化期、小花分化期、雌雄蕊分化期和四分体分化期。

十九、燕麦幼穗分化的初生期有什么特征?

燕麦出苗后的 13~26 天,主要是生长叶子和分蘖,也是生长锥突起形成阶段。这时早熟品种植株为 1~2 叶期,晚熟品种为 4~5 叶期。如果将这些叶子一层层剥去,放在显微镜下观察,可以看出一个馒头状的亮晶晶的小白点,这就是燕麦穗的生长锥,此时生长锥宽大于长。

二十、燕麦幼穗分化的伸长期有什么特征?

从初生期观察到 3~5 天,生长锥开始伸长,锥体长度大于宽度,下部的小棱是叶原基突起,一般历时 2~3 天。因为它们长大后即变成叶子,但究竟长多少片叶子,要根据环境条件来定。如果生长条件对生长穗有利,叶片数目就会少些;反之叶子就要多些。

二十一、燕麦幼穗分化的梗枝分化期有什么特征?

燕麦的小穗不同于小麦直接长在穗轴上,而是长在枝梗上,因此穗分化过程有枝梗分化期。枝梗分化期的燕麦植株为分蘖中期,标志是穗原基上出现棱状突起。此时叶原基也继续分化,逐渐出现节、节间和叶鞘的原始体。一般历时 4~6 天。

二十二、燕麦幼穗分化的小穗分化期有什么特征?

这一阶段出现在分蘖后期,小穗分化期的标志是在穗原基的顶部梗枝上形成新的棱状突起,即开始分化出颖片,一般历时 4~8 天。小穗分化期生长环境的好坏,决定小穗数目的多

少。外界生长环境好，可使每穗的小穗数目增加，反之小穗就
会减少。

在生产实践上，小穗分化期浇水，降低气温，可延长小穗
分化时间，追施氮素肥料，对增加小穗数极为重要。

二十三、燕麦幼穗分化的小花分化期有什么特征？

这一阶段始于分蘖末期，标志是小花原始体突起形成。小
花分化的顺序是，先分化穗顶部小穗基部的第一朵小花。每一
朵小花分化顺序是护颖、外稃、内稃、雌雄蕊。

二十四、燕麦幼穗分化的雌雄蕊分化期有什么特征？

雌雄蕊分化期是燕麦幼穗分化的第六个阶段。该阶段始于
拔节期，标志是护颖伸长，覆盖整个小花的一半，雌雄蕊原基
基本形成，小花器官开始增大。一般来说，雌雄蕊分化是发生
于小花器官的颖和稃形成之后或同时进行，时长4~6天。

二十五、燕麦幼穗分化的四分体形成期有什么特征？

该阶段始于孕穗前期，这一阶段的标志是顶部小穗护颖伸
长，覆盖全部小穗，花药、雌蕊形成，花粉母细胞和胚囊母细
胞进入减数分裂，一般需要6~9天。在此期间，营养器官和
生殖器官对营养物质争夺激烈，是需水需肥的临界期，如水、
肥、光照不足会增加不孕小穗。

二十六、品种的生育期长度是绝对的吗？

品种的生育期长度不是绝对的。水肥条件和温度对生育期
长度会有很大影响。

二十七、水肥管理会影响燕麦生育期吗？

水肥管理会影响燕麦的生育期，尤其是营养生长期。在营养生长期给的水肥量大，导致燕麦抽穗期明显延迟，当然产量和品质也会因此提高。任何燕麦品种，在营养生长期给予过多的水肥，都会导致营养生长期延长，抽穗推迟。相应地，临近抽穗期控制水肥，也可以加快燕麦抽穗。但对于产量来说，给予充足的水肥自然抽穗时产量最高。

二十八、温度对生育期有影响吗？

持续高温和干旱的天气，即使正常浇水、施肥，燕麦的抽穗期也会提前。而低温、多雨天会延迟燕麦抽穗。例如，2020年春播和夏播燕麦抽穗都比较晚，与2020年春夏季气温整体偏低，高温天少而阴雨天多有关。

二十九、什么是燕麦的刈青生育期？

刈青生育期是针对饲草用燕麦品种而言的，指的是从出苗到灌浆初期。灌浆期的燕麦饲草，品质和产量均较高。

三十、燕麦青干草分级首先进行感官评价吗？

是，首先进行感观评价，合格后再根据化学指标分级。根据2018年中国畜牧业协会颁布的《燕麦 干草质量分级》团体标准（T/CAAA 002—2018）规定，要求燕麦干草表面绿色或浅绿色，因日晒雨淋或贮藏等原因导致干草表面发黄或失绿的，其内部应为绿色或浅绿色，无异味，或有干草芳香味，无霉变。符合感官要求后，再根据化学指标定级，不符合感官要求的为不合格产品。

三十一、我国燕麦青干草怎样进行类型划分？

我国幅员辽阔，生态类型多样，因而生产的燕麦干草品质各具特点。根据大量检测，我国燕麦青干草主要有两种类型，一种是 CP 含量高，另一种是 WSC 含量高，根据实际情况，2018 年中国畜牧业协会颁布的《燕麦 干草质量分级》团体标准（T/CAAA 002—2018），将我国燕麦干草划分为"A 型燕麦干草"和"B 型燕麦干草"两个类型。其中 A 型燕麦干草的特点是含有 8% 以上的 CP，B 型燕麦草的特点是含有 15% 以上的 WSC。

三十二、A 型燕麦青干草质量分级标准是什么？

A 型燕麦青干草质量分级见表 2-1。

表 2-1　A 型燕麦青干草质量分级　　　（单位：%）

指标	等　级			
	特级	一级	二级	三级
中性洗涤纤维（NDF）	<55.0	≥ 55.0，<59.0	≥ 59.0，<62.0	≥ 62.0，<65.0
酸性洗涤纤维（ADF）	< 33.0	≥ 33.0，<36.0	≥ 36.0，<38.0	≥ 38.0，<40.0
粗蛋白质（CP）	≥ 14.0	≥ 12.0，<14.0	≥ 10.0，<12.0	≥ 8.0，<10.0
水 分	≤ 14.0			

注：中性洗涤纤维、酸性洗涤纤维和蛋白质均为干物质基础。

三十三、B 型燕麦青干草质量分级标准是什么？

B 型燕麦青干草质量分级见表 2-2。

表 2-2 B 型燕麦青干草质量分级　　（单位：%）

指标	等级			
	特级	一级	二级	三级
中性洗涤纤维（NDF）	<50.0	≥50.0, <54.0	≥54.0, <57.0	≥57.0, <60.0
酸性洗涤纤维（ADF）	<30.0	≥30.0, <33.0	≥33.0, <35.0	≥35.0, <37.0
水溶性碳水化合物（WSC）	≥30.0	≥25.0, <30.0	≥20.0, <25.0	≥15.0, <20.0
水分	≤14.0			

注：中性洗涤纤维、酸性洗涤纤维和水溶性碳水化合物均为干物质基础。

三十四、储藏燕麦种子的库房怎样管理？

种子入库前用药剂对库房和机械设施进行处理密闭消毒，然后通风，彻底无毒后可以使用。对堆放种子的库房用磷化铝熏蒸不得超过 2 次，否则会大幅度降低种子发芽率。种子库用磷化铝是由赤磷和铝粉烧制而成。因杀虫效率高、经济方便而应用广泛。用作粮仓熏蒸的磷化铝含量为 56.0%~58.5%，3.20 克 / 片规格的较多。磷化铝片剂为带有白色斑点的灰黑色固体，粉剂外观呈灰绿色。磷化铝在干燥条件下对人畜较安全，磷化铝遇水、酸时则迅速分解，分解释放出高效剧毒磷化氢气体，吸入磷化氢气体引起头晕、头痛、恶心、乏力、食欲减退、胸闷及上腹部疼痛等。严重者有中毒性精神症状、脑水肿、肺水肿、肝肾及心肌损害、心律失常等。每克磷化铝片剂能产生大约 1 克磷化氢气体，当空气中每升含 0.01 毫克磷化氢就对害虫有致死作用。磷化氢对人畜高毒，当温度超过 60℃时会立即在空气中自燃。与氧化剂能发生强烈反应，引起燃烧或爆炸。熏蒸 1 吨粮食只需要 3~7 片，每立方米仅用 1~2 片。种子库熏蒸时应该密闭，密闭熏蒸时间视温度和湿度而定，5℃以下，不宜熏蒸；5~9℃不少于 14 天；10~16℃不少于 7 天；16~25℃不少于 4 天；25℃以上不少于 3 天。熏蒸完毕后，掀开帐幕或塑料薄膜，开启门窗或通风闸口，采用自然或机械通风，充分散气，排净毒气。入库时，用 5%~10% 硝酸银溶液浸制的试纸检验毒气，确无磷化氢气体时方可入内。用本方法应严格遵守磷化铝熏蒸的有关法规和安全措施，熏蒸时，须有熟练的技术人员或有经验的工作人员指导，严禁单人作业，在晴朗的天气下进行，不要在夜间进行。药桶应在室外开封，熏蒸场所四周，应设危险警戒线，眼、脸勿正对桶口，投药后 24 小时要有专人检查有无漏气、起火现象。用过的空容器，勿作他用，应及时销毁。熏蒸施药时，应佩戴合适的防毒面具，穿工作服，戴专用手套。禁止吸烟或进食，施药后洗净手脸或洗澡。

第三章

国产燕麦饲草专用品种

一、国产燕麦饲草主要品种有哪些？

国产燕麦饲草主要品种有蒙饲燕 1 号、蒙饲燕 2 号、草莜 1 号、丹麦 444、青引 1 号、林纳、蒙燕 1 号、锋利燕麦、阿坝燕麦等。

二、蒙饲燕 1 号

内蒙古农业大学韩冰等选育的专用饲草品种，裸燕麦。幼苗半直立，叶片为深绿色，植株蜡质层较厚；株高 120~170 厘米，平均为 143.7 厘米；周散穗型，穗长 24.8 厘米，短串铃形，穗铃数 24.8 个，穗铃长 4.3 厘米，穗粒数 56 个，穗粒重 1.44 克；籽粒纺锤形，千粒重 27.7 克，最高可达 30 克左右。从播种到分蘖需 30 天左右，分蘖能力强（平均分蘖数 3.06 个）。种子活秆成熟，结实率 73.25%。籽粒遭遇风甩不易脱落。生育期在 105 天左右，属晚熟品种。鲜草产量达 34 167.58 千克 / 公顷，干草产量达到 11 750.31 千克 / 公顷，种子产量 2 675.21 千克 /

公顷。茎叶多汁、柔嫩；灌浆初期晾制干草，CP 为 8.99%，磷为 0.232%，钙为 0.380 5%，灰分为 7.01%，干物质为 93.22%，粗脂肪为 5.21%，粗纤维为 27.99%，NDF 为 49.90%，ADF 为 30.46%。该品种抗旱、耐盐碱能力强。在没有灌溉条件下能收获鲜草达到 30 079.41 千克 / 公顷；在 pH 值为 7.8~9.0，且速效氮、速效磷极度缺乏的碱土上，配置合理的栽培措施能获得 31 975.91 千克 / 公顷的鲜草。在沙土、壤土、沙壤土、黑钙土上均能良好生长，适应性广。

三、蒙饲燕 2 号

韩冰等通过皮、裸燕麦种间杂交育成的皮燕麦饲草品种。幼苗半直立，株高 135 厘米，全株绿色；侧散穗型松散下垂，燕尾铃形，穗长 20.4 厘米；千粒重 31.0 克；生育期 95 天。抗旱耐盐能力强，抗倒伏，耐瘠薄，在沙土、壤土、沙壤土、黑钙土上均能良好生长，适应性广。旱作条件下，在内蒙古农业大学海流园区、呼和浩特市和林格尔县、武川县、兴安盟突泉县、赤峰市阿鲁科尔沁旗等地，平均鲜草产量达 32 343.67 千克 / 公顷，干草产量达到 11 003.90 千克 / 公顷，种子产量 2 703.09 千克 / 公顷。青刈茎叶多汁、柔嫩；灌浆初期晾制青干草中，CP 为 7.51%，磷为 0.254%，钙为 0.380 5%，灰分为 7.07%，干物质为 93.56%，粗脂肪为 4.34%，粗纤维为 29.15%，NDF 为 52.93%，ADF 为 31.92%，达到一级燕麦草（CP=7.5%，NDF ≤ 60%，ADF ≤ 32%）的品质要求。适宜在平均气温≥ 10℃、有效积温 2 400℃的地区种植，在内蒙古及其毗邻省（自治区）、我国长江流域地区均可种植。年降水量≥ 300 毫米地区可旱作栽培。

四、蒙饲 5 号燕麦

内蒙古农业大学韩冰等通过皮、裸燕麦种间杂交，对杂交后代通过系谱法选择获得的新品种。生育期为 80~85 天，刈青生育期 55 天左右，饲草生产中属于早熟品种。蒙饲 5 号燕麦为一年生六倍体（$2n=6x=42$）裸燕麦。幼苗半直立，叶片为绿色，植株蜡质层较厚；株高 110~130 厘米，平均为 120.0 厘米；分蘖数 1.5 个；周散穗型，穗长 26.5 厘米，串铃形，穗粒数 48 个，穗粒重 1.173 克；籽粒纺锤形，中等粒型，千粒重 24.44 克。该品种抽穗期生长迅速，适于两茬种植生产饲草，可作为避灾、救灾、抢播、补播的品种使用。饲草的平均鲜草产量为 24 178.04 千克 / 公顷，干草产量为 8 002.9 千克 / 公顷，种子产量 4 969.9 千克 / 公顷。该品种抗旱、耐瘠薄，抗黄矮病，适宜在一般旱滩地及坡梁地种植。在平均气温 ≥ 10℃、有效积温 2 400℃的地区种植。在内蒙古及其毗邻省（自治区）、长江流域地区均可种植，在年降水量 ≥ 300 毫米地区可旱作栽培。

五、蒙饲 6 号燕麦

蒙饲 6 号燕麦为一年生六倍体皮燕麦（$2n=6x=42$），禾本科燕麦属植物。韩冰等利用皮裸燕麦种间杂交，后代经系谱法选育而成。生育期在 85 天左右，刈青生育期 60 天，属早熟品种。植株直立，株高在 120.0~140.0 厘米；平均分蘖数 3.5 个；周散穗型，穗长 17.5 厘米，燕尾铃，穗粒数 36 个，穗粒重 1.331 克；籽粒纺锤形，浅黄色，带褐色短芒，千粒重 35.96 克。品比试验鲜草产量达 25 697.8 千克 / 公顷，干草产量达 8 257.2 千克／公顷，种子产量 5 357.8 千克／公顷。较对照鲜草产量增产 23.38%，增幅极显著；干草产量增产 22.99%，增幅极显著；种子产量增产 3.36%，增幅不显著。

六、蒙饲 7 号燕麦（暂定名）

蒙饲 7 号燕麦为一年生六倍体（$2n=6x=42$），裸燕麦，饲草生产专用品种。韩冰等通过野生燕麦与裸燕麦种间杂交，对杂交后代进行系谱法结合分子标记辅助选择培育而成的新品种。生育期在 100 天左右，刈青生育期 70 天，属于晚熟品种。蒙饲 7 号燕麦幼苗半直立，叶片为绿色；株高 130~160 厘米，平均为 150.0 厘米；分蘖数 1.5 个；周散穗型，穗长 28.5 厘米，串铃形；籽粒纺锤形，中等粒型，千粒重 25.6 克。该品种最大特点是对短日照不敏感，适于在内蒙古巴彦淖尔市地区麦后复种燕麦饲草使用，可避免出现其他长日照品种不抽穗或抽穗不完全的缺点，利于深秋燕麦刈割后快速干燥。平均鲜草产量为 27 000 千克／公顷，干草产量为 9 000 千克／公顷。该品种适宜在一般旱滩地及坡梁地种植。在平均气温 ≥ 10℃、有效积温 2 000℃的地区种植生产饲草。在内蒙古及其毗邻省（自治区）、南方冬闲田地块均可种植。

七、蒙饲 8 号燕麦（暂定名）

蒙饲 8 号燕麦为一年生六倍体（$2n=6x=42$），皮燕麦，饲草生产专用品种。韩冰等通过皮、皮燕麦种间杂交，对杂交后代进行系谱法结合分子标记辅助选择培育而成的新品种。生育期在 105 天左右，刈青生育期 75 天，属于晚熟品种。蒙饲 8 号燕麦幼苗半直立，叶片为绿色；株高 130~160 厘米，平均为 155.0 厘米；分蘖数 2.0 个；周散穗型，穗长 33.5 厘米，燕尾铃形；籽粒纺锤形，中等粒型，千粒重 35.5 克。该品种最大特点是对短日照不敏感，适于在内蒙古巴彦淖尔市地区麦后复种燕麦草使用，也可在南方冬闲田短日照条件下生产燕麦饲草，能避免其他长日照品种不抽穗或抽穗不完全的缺点，利于深秋燕麦刈割后快速干燥。平均鲜草产量为 28 000 千克 / 公顷，干草产量为 9 200 千克 / 公顷。该品种适宜在一般旱滩地及坡梁地种植。在平均气温 ≥ 10℃、有效积温 2 100℃的地区种植生产饲草。在内蒙古及其毗邻省（自治区）、南方冬闲田地块均可种植。

八、草莜 1 号

内蒙古农牧业科学院以'578'为母本，以赫波一号作父本，经人工杂交，后代经系普法选育而成。2002 年 12 月 25 日经内蒙古自治区农作物品种审定委员会认定通过并命名为草莜 1 号。幼苗直立，深绿色，生育期 100 天，株高 130 厘米左右。穗呈周散型，长 25 厘米左右。结实小穗 20 个，串铃形。穗粒数 60 粒，穗粒重 1.1 克左右，千粒重 24.0 克左右。籽实蛋白质含量 15.7%，脂肪含量 6.1%。茎叶比为 0.7，干鲜比为 0.18。青干草蛋白质含量 8.56%，脂肪含量 2.78%，总糖含量 1.09%，粗纤维含量 25.25%，维生素 C 9.05 毫克 /100 克，胡萝卜素 2.67 毫克 /100 克，灰分 8.49%。春播可解决 6 月底至 7 月初缺乏鲜草问题；春播收获后及麦茬复种可较大限度地提高土地利用率，提升饲草料品质。籽实产量达 2 250~3 750 千克 / 公顷。春播鲜草产量 52 500~60 000 千克 / 公顷，夏播及小麦收获后复种产鲜草 30 000~45 000 千克 / 公顷。2000

年旱滩地示范，平均产鲜草 40 744.5 千克 / 公顷，干草（风干）3 644 千克 / 公顷，2001 年水地双季示范，一季（4 月播种，6 月底、7 月初收割）平均产鲜草 55 003.5 千克 / 公顷。干草（风干）20 901 千克 / 公顷。旱滩地示范，平均产鲜草 30 604.5 千克 / 公顷，干草（风干）10 098 千克 / 公顷，巴彦淖尔市小麦收割后复种，平均产鲜草 31 005 千克 / 公顷，2002 年示范产鲜草 44 355 千克 / 公顷。4 月春播，平均播种 150 千克 / 公顷，施种肥磷酸二胺 75 千克 / 公顷与种子混施；7 月夏播，平均播种 120 千克 / 公顷。春播在幼苗三叶时防治蚜虫，三叶一心浇第一水，浇水后适时浅锄灭草。

九、青引 1 号

由青海省畜牧兽医科学院引入。晚熟，生育期 100 天左右，株高 120~170 厘米，茎粗 0.5 厘米，叶长 30~40 厘米，叶宽 1.9 厘米；穗型周散，主穗长 19~21 厘米，种子浅黄色、纺锤形，千粒重 30~36 克。粒长 1.34 厘米，粒宽 0.37 厘米。茎叶柔软，适口性好，开花期全株干物质中含 CP 7.01%，粗脂肪 1.9%，粗纤维 39.13%，无氮浸出物 45.37%，粗灰分 6.59%。耐寒、抗倒伏。在青海省西宁地区干草产量 12 000 千克 / 公顷左右，种子产量 3 450 千克 / 公顷。一般在青藏高原及其周边 3 000 米以下地区粮草兼用，3 000 米以上地区作为饲草种植（根据公布的品种介绍整理）。

十、林纳

由青海省畜牧兽医科学院引入。属中晚熟品种，生育期 97~130 天，株高 110~155 厘米，千粒重 24~35 克，种子

黄色，籽粒纺锤形，粒长 1.4 厘米，粒宽 0.35 厘米。茎粗
0.39~0.45 厘米，叶长 29.6~30.1 厘米，叶宽 1.3~1.6 厘米，
主穗长 19~22 厘米，穗型周散。籽粒中 CP 含量为 11.03%，
粗脂肪为 3.96%，平均干草产量 9 428 千克 / 公顷，平均种子
产量 4 140 千克 / 公顷。适宜高寒或二阴地区种植，海拔 2 500
米以下地区粮草兼用，2 500 米以上地区作为饲草种植（根据
公布的品种介绍整理）。

十一、蒙燕 1 号

　　内蒙古农牧业科学院育成。春性，幼苗直立，深绿色，生
育期 88 天。株高 105.5 厘米，穗长 16.3 厘米，周散型穗，颖
壳黄色，穗铃数 25.9 个，穗粒数 54.6 粒，穗粒重 2.0 克，千
粒重 34.0 克，脂肪含量 4.95%，CP 含量 14.64%，粗淀粉含
量 53.42%，籽实产量在 3 750 千克 / 公顷以上，是粮饲兼用，
适于沙地、盐碱地种植的皮燕麦新品种。该品种鲜草平均产量
49 181.3 千克 / 公顷，干草平均产量 18 216.6 千克 / 公顷，秸
草平均产量 8 117 千克 / 公顷。2010 年 1 月 26 日通过国家品
种审定委员会认定，准予在内蒙古、河北、山西、吉林、新
疆、甘肃等华北、西北燕麦主产区推广种植（根据公布的品种
介绍整理）。

十二、甜燕麦

　　由青海省畜牧兽医科学院引入。属于中晚熟草籽兼用品
种，生育期 120~135 天，株高 140~160 厘米，茎粗 0.5~0.7
厘米，主穗长 25 厘米，叶长 30 厘米，叶宽 2~3 厘米。籽粒
浅黄色无芒，粒大饱满，千粒重 35~37 克。侧散穗形，穗轴

基部明显扭曲。生长整齐，茎叶有甜味，适口性好。在青海省西宁地区干草产量 2 533~3 466 千克/公顷，种子产量 4 800 千克/公顷。适宜在青海、甘肃、西藏、四川西北等地栽培（根据公布的品种介绍整理）。

十三、锋利燕麦

百绿国际草业有限公司 2003 年从澳大利亚引入。2006 年通过全国草品种审定委员会审定登记。分蘖 3~6 个，茎秆直立，株高 60~75 厘米，茎粗 4~5 毫米，叶片宽厚，叶色浓绿，叶长 39~42 厘米，叶宽 1.8~2.3 厘米。圆锥花序，周散型，穗长 18.2 厘米。颖果纺锤形，腹面具纵沟，长 1.15 厘米，宽 0.29 厘米，千粒重 37.6 克。再生性强，一年可刈割 2~3 次。有较强的抗锈病、抗倒伏能力。干草产量可达 13 000 千克/公顷，籽实产量可达 4 000 千克/公顷。开花期干物质中含 CP 12.59%，粗脂肪 2.17%，粗纤维 26.21%，无氮浸出物 49.95%，粗灰分 9.08%，钙 0.3%，磷 0.41%。种植区域广泛，在我国南方地区适宜秋播，北方地区适宜春播（根据公布的品种介绍整理）。

十四、阿坝燕麦

地方品种，2010 年通过全国草品种审定委员会审定。在四川红原地区生育期 120 天左右，株高 120~170 厘米，茎粗 0.47 厘米，叶鞘被少量白粉，茎节浅绿，穗节间与下部节间稍弯曲。具 4~5 片叶，叶片灰绿，长 23~31 厘米，宽 1.1~1.5 厘米，叶片靠近茎秆处边缘有茸毛（稀疏）。穗长 17~25 厘米，每穗 22 个小穗，每小穗含 2~3 个小花，结实率 85%。种子纺锤形，短芒，草黄色，长约 1.3 厘米，宽 0.2 厘米，千粒重 32 克。干草产量 7 984~11 320 千克 / 公顷，种子产量 2 412~2 860 千克 / 公顷。抗寒、耐旱，较抗红叶病和蚜虫。适宜在青藏高原及其周边地区种植（根据公布的品种介绍整理）。

第四章

粮草兼用型燕麦品种

一、粮草兼用型燕麦品种有哪些？

我国常见的粮草兼用型燕麦有白燕 2 号、白燕 7 号、冀张莜 4 号、张燕 7 号、内燕 5 号、坝燕 3 号和陇燕 3 号等品种。

二、白燕 2 号

吉林省白城市农业科学院选育。粮饲兼用型的早熟裸燕麦品种，生育期 81 天，株高 99.5 厘米，侧散型穗，小穗串铃形，主穗小穗数 10.5 个，穗粒重 1.11 克，千粒重 30.0 克。籽粒纺锤形，浅黄色，表面光洁。籽粒蛋白质含量 15.6%，脂肪含量 6.7%，β－葡聚糖含量 4.2%，灌浆期全株蛋白质含量 12.11%。籽粒收获后秸秆蛋白质含量 5.12%，粗纤维含量 34.95%。抗病性强。适宜在吉林省中西部地区及我国西部类似生态区种植（根据公布的品种介绍整理）。

三、白燕 7 号

吉林省白城市农业科学院选育而成，粮饲兼用型早熟皮燕麦品种，生育期 80 天左右，春性，幼苗直立，深绿色，分蘖力较强。株高 126.8 厘米，茎秆较粗。穗长 17.5 厘米，侧散穗，小穗纺锤形，颖壳黄色，主穗小穗数 22.3 个，主穗粒数 37.9 粒，主穗粒重 0.9 克。籽实纺锤形，浅黄色，千粒重 33.7 克，容重 352.2 克 / 升。蛋白质含量 13.07%、脂肪含量 4.64%。春播籽粒收获后干秸秆蛋白质含量 5.18%，粗纤维含量 35.01%；下茬复种灌浆期全株饲草蛋白质含量 12.23%、粗纤维含量 28.55%。该品种抗旱性强，根系发达。在吉林省西部地区种植，下茬可以播种新收获的种子进行复种，10 月 1 日前后收获饲草。该品种抗病、抗旱，具有休眠特性，连续播种几年后可不用再播种，一年可收获一粮一草，适宜在吉林省中西部地区及我国西部类似生态退化耕地或草原种植（根据公布的品种介绍整理）。

四、冀张莜 4 号

河北省张家口市坝上农业科学研究所采用皮、裸燕麦种间杂交培育而成的裸燕麦品种。生育期 88~97 天。幼苗直立，苗色深绿，株型紧凑，叶片上举，株高 100~120 厘米，最高可达 140 厘米，主穗平均小穗数 18.7 个，穗粒数 39.8 粒，穗粒重 0.85 克，千粒重 20~22.6 克。籽粒蛋白质含量 13.38%，脂肪含量 7.98%，β - 葡聚糖含量 3.88%，一般单产 1 500 千克 / 公顷，最高单产 3 750 千克 / 公顷。其特点是抗病、抗倒伏、抗旱、耐贫瘠性强，适应性广，粮草双高产。适应在生产潜力为 1 500~3 000 千克 / 公顷的平滩地和肥坡地种植（根据公布的品种介绍整理）。

五、张燕 7 号

张家口市农业科学院通过皮、裸燕麦种间杂交，经系谱法选择获得的燕麦新品种，其系谱编号为"9348-17-2"。幼苗直立，苗色深绿，生长势强，生育期 95~100 天，属中晚熟品种。株型紧凑，叶片上举；株高 110~120 厘米，最高可达 165 厘米，花梢率低，成穗率高，群体结构好。周散型穗，短串铃形，穗部性状优，主穗小穗数 23.0 个，穗粒数 61.7 粒，铃粒数 2.75 粒，穗粒重 1.22 克，籽粒长形，粒色浅黄，千粒重 22.0~25.0 克，含皮燕麦率 0.1%，品质优异，籽粒蛋白质含量 16.8%，脂肪含量 4.9%。总纤维含量 7.05%。抗倒抗旱性强，适应性广，高抗坚黑穗病，轻感黄矮病。张燕 7 号参加河北省燕麦草品种区域试验，产量居第一位，平均鲜草产量 44 207 千克 / 公顷。该品种适应在旱滩地、阴滩地、肥坡地种植，阴滩地 5 月 20 日左右播种，肥坡地和旱平地 5 月 25 日左右播种。阴滩地播种量 120~180 千克 / 公顷，苗数在 375 万株/公顷；旱平地和肥坡地播量 112~135 千克 / 公顷，苗数 300 万株 / 公顷。结合播种施磷酸二铵 45~75 千克 / 公顷。于拔节期结合中耕或趁雨追尿素 75~150 千克 / 公顷（根据公布的品种介绍整理）。

六、内燕 5 号

内蒙古农牧业科学院选育。生育期 90 天左右，属中熟品种。幼苗直立，叶色深绿，株型叶型好，株高 105~150 厘米，周散型穗，穗长 20~22 厘米，小穗串铃形，主穗结实，小穗数 30 个以下，穗粒数 65~75 粒，穗粒重 1.2~1.5 克，千粒重 20 克左右。分蘖力中等，成穗率高，抗倒伏，抗黄矮病。籽粒含蛋白质 17.38%，氨基酸组成平衡。该品种丰产性好，不仅籽实富含各种营养物质，草质亦佳。适宜在不同类型水浇地、湿滩川地种植，土壤肥力较高或可引洪灌溉的旱滩川地亦可种植（根据公布的品种介绍整理）。

七、坝莜 3 号

河北省张家口市农业科学院选育而成的裸燕麦品种。幼苗直立，苗色深绿，生长势强，生育期 95~100 天，属中晚熟品种。株型紧凑，叶片上举，棵高 110~120 厘米，最高可达 165 厘米，花稍率低，成穗率高，群体结构好。周散型穗，短串铃形，穗部性状优，主穗小穗数 23.0 个（最高达 55.0 个），穗粒数 61.7 粒（最高达 142 粒），铃粒数 2.75 粒，穗粒重 1.22 克（最高达 3.5 克）。籽粒长形，粒色浅黄，千粒重 22.0~25.0 克，含皮燕麦率 0.1%，品质优异，籽粒蛋白质含量 16.8%，脂肪含量 4.9%，总纤维含量 7.05%。一般单产籽粒 1 500~3 000 千克 / 公顷，最高单产 3 975 千克 / 公顷，其特点是穗部经济性状好。粮草双高产，抗病、抗倒、抗旱、耐瘠性强，高抗坚黑穗病，轻感黄矮病，适应性广。该品种适于每公顷生产潜力 1 500~3 000 千克的旱滩地、阴滩地、肥坡地种植（根据公布的品种介绍整理）。

八、陇燕 3 号

甘肃农业大学选育而成。春性晚熟型的皮燕麦品种，生育期 110~130 天。叶片深绿色，分蘖力强，有效分蘖多。株型紧凑，茎秆粗壮，株高 135~160 厘米。周散型穗，颖壳黑紫色，长卵圆形，穗长 14~20 厘米，小穗数 24~30 个，穗粒数 30~45 粒，穗粒重 1.0~1.5 克，千粒重 30~34 克。种子成熟后不落粒，含 CP 为 10.5%，粗脂肪为 7.1%，赖氨酸为 0.44%。高抗燕麦红叶病，对黑穗病免疫。草籽兼用品种，种子产量平均 5 089 千克 / 公顷，灌浆期干草平均 12 545 千克 / 公顷（根据公布的品种介绍整理）。

九、坝燕 1 号

河北省张家口市坝上农业研究所 1990 年从中国农业科学院作物品种资源研究所引进，后经品系鉴定、品种比较和生产试验培育而成的皮燕麦品种。幼苗半直立，生育期 85~97 天。株型中等，叶片下垂，株高 85~120 厘米。周散型穗，小穗纺锤形，主穗小穗数 28.5 个，穗粒数 60.0 粒，穗粒重 2.17 克，千粒重 40 克左右。抗旱、抗倒性强，适应性广。适宜在河北坝上、内蒙古等地的阴滩地种植（根据公布的品种介绍整理）。

十、坝燕 2 号

河北省高寒作物研究所 2000 年从中国农业科学院作物品种资源研究所引进，后经品种比较和区域试验培育而成的皮燕麦品种。生育期 80 天左右，属早熟品种，株型紧凑，叶片上举，株高 85~120 厘米。周散型穗，主穗小穗数 28.5 个，穗粒数 53.7 粒，穗粒重 2.53 克，千粒重 40.8 克。平均种子产量 4 005 千克 / 公顷。抗旱耐贫瘠，抗倒性强，适宜在产量潜力为 3 000 千克 / 公顷以上的平滩地、肥坡地、阴滩地等种植

（根据公布的品种介绍整理）。

十一、丹麦444

由青海省畜牧兽医科学院引入。属于草籽兼用型品种，较早熟，生育期100~120天，株高130~150厘米，2~5个分蘖，圆锥花序，周散型，穗长21~26厘米，叶长30~35厘米，叶宽2~2.5厘米，千粒重30~33克。籽粒黑紫色，具芒。干草产量7 000~10 000千克/公顷，籽实产量3 000~4 000千克/公顷。抗倒伏，较抗燕麦红叶病。适宜在青海、甘肃、西藏、四川西北以及华北等地栽培。（根据公布的品种介绍整理）。

第五章

土壤选择与品种配置

一、适合在哪里种植燕麦刈青饲草？怎样选地？

燕麦是长日照植物，喜冷凉，适宜在气温低、无霜期较短、日照时间长的冷凉地区种植。植株能够耐受 −4~−3℃低温，不耐高温。燕麦对土壤要求不严格，适宜在土壤耕层较厚、地势平坦、土质疏松、保水保肥性能强、富含有机质的壤土或沙壤土上生长，对土壤酸碱度耐受范围宽，可在 pH 值为 5.5~8.5 的土壤上良好生长，可耐最低 pH 值为 4.5 的酸性土壤。燕麦适应性强，在旱坡地、盐碱地、沙壤土中的长势比其他作物好。燕麦不宜连作，选地时最好以豆类或胡麻、马铃薯等为前茬作物。

二、燕麦能在中度盐碱地上种植吗？

能。由于燕麦具有耐贫瘠、耐盐碱的特性，在贫瘠的沙地和盐分含量高的盐碱地也可以种植，这些区域的种植主要体现了燕麦种植的生态效益，在超高产栽培和燕麦安全生产中，一般不选择这些区域种植。

三、土壤的 pH 值影响燕麦饲草的生长吗?

燕麦对土壤酸碱度耐受范围宽,可在 pH 值为 5.5~8.5 的土壤上生长良好,可耐最低 pH 值为 4.5 的酸性土壤。燕麦具有一定的耐盐碱特性,但是并非所有的盐碱地都能够种植燕麦,所以在播种之前,种植人员需要测量土壤的 pH 值,以确保地块是否适宜种植燕麦。一般来说,土壤 pH 值为 8.5 左右时燕麦能正常生长、成熟,当 pH 值大于 9.0 时,则会严重影响燕麦生长甚至导致燕麦不出苗的现象发生。

四、土壤肥力水平影响燕麦饲草品质吗?

影响。肥力高的地块种燕麦能高产,但不一定能收获最好品质的燕麦草。表层 60 厘米的土壤中有效氮含量低于 80 千克/公顷的中等肥力的地块比较适宜种植燕麦。燕麦生长初期,过多的氮会导致水溶性碳水化合物含量降低和纤维含量升高,而这两个因素都会导致牧草品质的降低,因此燕麦生长初期,不宜使用大量的氮肥。高氮肥情况下,生长过于茂盛的燕麦茎节间变长,导致纤维素和木质素的积累增多,饲草品质降低。氮肥过多燕麦植株太高大,阳光很难透过顶部繁茂的草层照射到底部的叶片,导致底部叶片提前衰老,茎秆的叶绿素受到破坏,影响干草色泽。植株太高大还很容易发生倒伏,所以生长初期要控制氮肥的用量,防止燕麦生长过于茂盛。

五、坡度及走向对燕麦饲草生长有影响吗?

会影响到燕麦的生育期和发病率。东西和南北坡向的不同，会导致燕麦成熟时间和遭受风灾时的损失程度不同。阳面接受更多的太阳辐射，作物成熟就快。实际生产中，需要根据坡向选择不同的品种或调整收割时间。易于发生霜降和雨夹风的坡面，细菌性枯萎病会更严重，应该选择抗病性更强的品种。

六、春夏季干热风对燕麦饲草生长有影响吗？

干热风对燕麦生长影响较大。春季容易受干热风影响的地块，会造成燕麦不同程度的叶片发黄的情况，影响燕麦草的质量。不同的燕麦品种，抗干热风的能力不同。一般而言，专用于生产饲草的品种因为经过抗干热风的选育，比起籽实性品种抗干热风的能力强，叶片不容易变黄。

七、一般田块燕麦鲜草和青干草的产量是多少？

燕麦鲜草在 26 846.7~28 486.5 千克 / 公顷。干草产量在 8 053.95 ~8 518.95 千克 / 公顷。

八、除草剂残留对燕麦饲草生长有影响吗？

有。对于除草剂易残留的土壤，残留除草剂会严重影响燕麦早期的生长，在干旱的年份尤其明显。降水量、土壤 pH 值和土壤微生物活动都对除草剂的分解有影响。对于 pH 值偏高的土壤，残留的磺酰脲类除草剂通常会对燕麦有毒害作用。醚苯磺隆比绿黄隆和苄嘧磺隆的毒害更严重。小麦和油菜上登记使用的 B 组类除草剂，对燕麦有影响。咪唑啉酮在酸性土壤中的残留更强。因此使用除草剂前要明确商标上标注的除草剂残留的危害性。在选择种植地块时一定要详细了解前茬除草剂的使用情况。

九、燕麦种植地块常出现的污染物有哪些?

避免选择有动物尸体、铁丝、电线、石块、地膜等污染物的地块,至少要保证播种前将这些污染物清除干净或通过耕作,将小石块埋入土中。由于作物倒茬需要,燕麦饲草前茬往往是有地膜的土壤,这样地块生产的饲草是会被淘汰的,所以必须在种植前将地膜残余物清除干净。

十、适宜燕麦饲草种植的前茬作物有哪些?

燕麦不宜连作,选地时最好以豆类或胡麻、马铃薯等为前茬作物。一年生黑麦草会严重影响燕麦的生长。因此要么不要在种植过一年生黑麦草的地块中种植燕麦,要么在一年生黑麦草开花前就将其刈割。前茬是小麦的地块也不适于种燕麦,会加重土传病害的发生,导致减产。

十一、种植燕麦饲草前需要整地吗? 怎样整地?

种植燕麦饲草前一般都需要整地。整地包括秋季深耕和春季浅耕。燕麦是单子叶须根系植物,大部分的根系分布在20~30厘米的耕作层里,秋季深耕土壤,深度应超过根系分布的深度,一般深20~30厘米。此外还要根据土壤性质和土壤结构来确定。黏土和壤土较深,耕深在35厘米左右;沙土地及漏水地较浅,耕深在15厘米左右。除此之外应注意不要因深耕打乱活土层。深耕后及时做好耙糖和平田整地。春季宜浅耕,否则土壤悬虚不易抓苗,所以耕后一定要耙糖保墒。若在土壤干旱严重地区,应镇压;若土壤湿度大且地温低,则不需耙糖而应翻耕，以促进土壤水分的蒸发，有利于提高地温。

十二、水肥管理对燕麦抽穗时间有影响吗？

有明显影响。在营养生长期给的水肥量大，导致燕麦抽穗期明显延迟，当然产量和品质也会因此提高。任何燕麦品种，在营养生长期给予过多的水肥，都会导致营养生长期延长，抽穗推迟。相应地，临近抽穗期控制水肥，也可以加快燕麦抽穗。给予燕麦充足的水肥，自然抽穗时产量最高。

十三、温度对燕麦生长有影响吗？

温度对燕麦生长发育有明显影响。持续高温和干旱的天气，即使正常浇水、施肥，燕麦的抽穗期也会提前。而低温、多雨会延迟燕麦抽穗。根据不同种植地区温度的差异，应调整不同品种。一般温度偏高地区应种植生育期偏大的中晚熟品种，而冷凉高海拔地区应选择早中熟品种更安全。

十四、日照长短影响燕麦抽穗吗？

影响。燕麦是长日照植物，当日照长度短于 14 小时 / 天时，燕麦不能正常抽穗开花。当日照时长短于 12 小时 / 天，燕麦不能孕穗。

十五、有没有能在短日照下正常抽穗的燕麦饲草品种？

有。这样的品种是内蒙古农业大学燕麦分子育种团队创制培育的新品种，是对日照长度不敏感的品种。具备这样特征的品种是蒙饲 7 号燕麦和蒙饲 8 号燕麦。

十六、内蒙古巴彦淖尔市麦后复种燕麦主要制约因素是什么?

内蒙古巴彦淖尔市麦后复种燕麦,燕麦青草产量高,但是由于燕麦是长日照作物,在麦后复种,日照逐渐变短,虽然热量足够燕麦生长,但是日照时长满足不了燕麦穗分化发育,使得燕麦不能正常抽穗,发育迟缓的穗部在旗叶中包裹着不易抽出,刈割后燕麦植株局部位置不易干燥,再加上该地区土壤不是沙地,土壤黏重,更不利于燕麦青草干燥,所以调制出的干草易霉变,品质差。为避免这一问题,可以选择早熟品种,但是早熟品种生长期短,产量相对较低,没有充分利用麦后的热量,造成土地资源浪费。最好的办法是选用对日照时长不敏感的晚熟品种,产量和品质都能得到提升。

十七、内蒙古巴彦淖尔市麦后复种燕麦首选什么品种?

应该首选对光照时长不敏感的蒙饲 7 号燕麦和蒙饲 8 号燕麦,这是两个燕麦饲草生产专用品种,这两个品种属于晚熟品种,能充分利用麦后的热量,又能正常抽穗,品质和产量都有保证。

十八、产量和品质哪个更影响种植效益?

产量更影响种植效益。产量是影响种植收益的最主要因素。随着肉牛和肉羊产业的快速发展,市场对低价燕麦的需求量大增,在这种情况下就没有必要单纯追求价格,保证产量还是第一位的。但是,收益最高的一定是产量和品质都比较好的农场,所以面积大的农场一定要考虑一定比例的相对早熟型的饲用燕麦品种，这类品种提前收获对产量影响比较小，但品质相对高，符合奶牛场对燕麦品质的要求（NDF 含量小于53%）。2020 年阿鲁科尔沁旗不同农场的产量、价格和收益见表 5-1。

表 5-1　2020 年阿鲁科尔沁旗不同农场的产量、价格和收益

项目	农场 1	农场 2	农场 3	农场 4	农场 5
产量（吨/公顷）	4.50	7.50	6.75	9.00	6.75
价格（元/吨）	1 650	1 100	1 500	1 050	1 050
收益（元/公顷）	7 425	8 250	10 125	9 450	7 425

十九、如何选择燕麦饲草品种？

要根据土壤质地、土壤肥力状况、气候特点（有效积温、无霜期等）、管理水平，因地制宜选择不同生态类型的饲草用燕麦品种。选用优良品种是增产增收的重要途径。一个优良品种必须在其相适应的生态环境条件下种植，才能充分利用自然优势，发挥优良品种的增产作用。品种需要合理选用，不要盲目求新求奇，适合自己需要的才是最好的选择。专用型系列燕麦新品种的用途、功能、适宜种植区域各有不同，按土壤及种植条件可进行选择。

二十、如何根据土壤情况选择燕麦饲草品种？

旱坡薄地，无灌溉条件的地块要选择抗旱耐瘠、高秆叶大的旱地型品种；土壤肥沃、降水量大、可灌溉的地块，肥水条件能够满足燕麦生长发育需要的地块就要选择耐水肥、抗倒伏的高产类型品种；一般中等肥力的地块，有一定灌溉条件的，

要选择既耐旱又抗倒，适合中等肥力生产条件的饲草型燕麦品种。

二十一、饲草品种和籽粒用燕麦品种在饲草生产中的差异是什么？

饲草品种和籽粒用品种产量增加模式有差异，即生物量达到最大值的时期不同。在同样的管理条件下，生育期相近的品种，饲用型的在抽穗前及刚抽穗时，产量一般会高于籽粒型的。因为饲用型燕麦选育的是茎叶产量高，籽实产量不很高的品种（这也是饲用燕麦的种子价格会比籽实品种高的原因），生物量在抽穗前增加的快，抽穗后相对增加的慢，适合抽穗后马上收获。而籽粒型燕麦选育的是茎叶产量不高，籽实产量高的品种，产量在抽穗后增加明显，如果抽穗后马上收获产量损失比较大，农场一般会推迟至乳熟后期至蜡熟期收获。

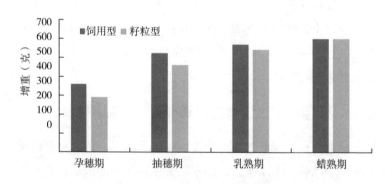

图 5-1　生育期相同的饲用及籽粒型燕麦在不同生育阶段产量增重不同

二十二、内蒙古东部天山地区两茬生产干草怎样配置品种?

　　根据气温和降雨特点选择品种。该地区属温带大陆性气候，无霜期为 130~140 天，水浇地可在春夏两季种植，是目前国内燕麦种植面积最大、最集中，管理能力也最强的地区。两茬干草产量集中在 12 000~19 500 千克/公顷。春季种植夏季收获容易受降水影响，晚熟品种不容易躲开降水，所以应选择 6 月中旬抽穗的中、早熟品种，收获时正好躲开了降水。夏播燕麦中晚熟型倒伏明显，早熟型燕麦基本没有倒伏，因而兼顾产量和倒伏性，建议种植中熟型品种更安全。

二十三、内蒙古东北部乌拉盖—霍林河—海拉尔一带怎样配置品种?

　　该地区基本上属于半干旱大陆性气候，年降水量在 300 毫米左右，无霜期为 90~120 天。此区域基本旱作，夏季干旱和秋季多雨是此区域燕麦生产的主要问题。考虑到该地区夏季多偏旱，首先要选择抗旱能力比较强的大籽粒品种，其次如果能在 5 月中旬正常播种，当地的气温完全可满足晚熟品种的生长，因此，选择晚熟饲草品种，相较当地种的籽粒型早熟品种，产量和饲草品质会有明显提高。

二十四、内蒙古中部呼和浩特市周边地区怎样配置品种?

　　此区域属中温带半干旱大陆性季风气候区，年均降水量在 300mm 左右。无霜期大于140 天，气温基本能满足一年两季早熟燕麦的生长，但由于多为旱作区，春旱加上春播燕麦收获时正好赶上雨季，旱地基本上是雨季播种后收获一季。一年种植一季，无灌溉的地块，6月播种选择蒙饲3号燕麦、蒙饲燕2号这类中晚熟型饲用品种能获得较高的产量；个别地区有灌溉条件，可在5月中下旬播种，选择蒙饲燕1号、Everleaf 256这类超晚熟的品种，秋季也可以抽穗，产量也略高。对于一年种植两季的地块，可以采用两季都是早熟燕麦的模式；也有采用一季大麦，一季早熟燕麦的模式，两者都可抽穗，产量也会更高。

二十五、内蒙古西部鄂尔多斯一带怎样配置品种?

此区域为典型的温带大陆性气候，全部为水浇地种植。鄂尔多斯地区一般为喷灌种植，燕麦选种比较适合春播早熟，以便提前收获尽可能避开雨季；此地区的热量好，霜降晚，夏播晚熟品种基本可以正常抽穗。品种配置可选择"一季饲用高粱＋一季饲用晚熟燕麦"或者"一季饲用早熟燕麦＋一季饲用晚熟燕麦"。

二十六、内蒙古西部临河—磴口地区怎样配置品种?

临河一带为典型的温带大陆性气候，全部为水浇地种植。土壤为黏性土壤，燕麦收割后干燥困难。春播夏收的燕麦安全收获是主要问题，因而不建议春播燕麦，种植模式选择"一茬小麦＋一茬饲用光不敏感燕麦"。小麦茬夏播燕麦，播种时间一般在7月20日左右，为能在收割前正常抽穗，可选择早熟品种，有一定的产量，获得一定的效益；最好选择蒙饲7号燕麦和蒙饲8号燕麦，这两个品种属于中晚熟，并且对日照长度不敏感，可充分利用秋季热量生长并正常抽穗，产量较高。

二十七、黑龙江地区怎样配置品种？

黑龙江为温带大陆性季风气候，平均气温 ≥ 10℃的积温为 1 800~2 800℃，全省无霜期平均为 100~150 天，很多地区虽然很适合种植燕麦，由于受降水影响，生产干草风险很大。目前燕麦种植虽然也有一定的规模，可根据当地无霜期选择不同熟期的燕麦饲草专用品种，调制方面可在牛场就近种植，生产燕麦青贮。

二十八、山西朔州等地怎样配置品种？

与内蒙古中部呼和浩特市周边地区配置品种相同。

第六章

栽培技术

一、播种前需要对种子进行处理吗？

播种前一定要对燕麦种子进行选种、晒种、拌种等处理。

二、怎样进行选种？ 常用仪器是什么？

选种是选出饱满粒大并且新鲜度及成熟度一致的种子。选种方法有风选、筛选、粒选等。风选就是经过吹风把轻重不同的种子分开。除去混在种子里的杂物和秕粒，留下大粒饱满的种子。筛选是利用筛孔大小适当的筛子筛去杂物、秕粒和小粒。常用的仪器是复式清选机，例如，石家庄三立谷物机械股份有限公司的 5XF-5 复式清选机，可以达到基本的清选要求。

三、晒种有什么好处？ 怎样进行晒种？

通过晒种能够杀死部分附着在种子表皮上的病菌，减轻某些病害的发生，还能提高种子的发芽势和发芽率，促进种子的后熟作用。晒种方法简单且经济效益高，即在播种前选择无风晴朗天气，把种子摊开晒上 3~5 天，上下翻动 2~3 次，便可达到晒种目的。

四、怎样进行拌种？

药剂拌种目的是防治燕麦坚黑穗病及地下害虫。晒种后选用无公害生产允许使用的药剂，可用多菌灵或甲基硫菌灵（甲基托布津）以种子量 0.3% 的药量与种子搅拌均匀即可。

五、燕麦饲草田间管理怎样做？

做好燕麦的田间管理工作是稳产和高产的关键。生育期间一般中耕除草 1~2 次即可。燕麦田尽量不使用除草剂，因此田间管理的工作重点就是中耕除草。做好幼苗期的人工除草工作最重要。在燕麦长到 10 厘米左右时进行第一次除草，此时中耕可以增加土壤的通透性，防止脱氮，从而促进根系的发育，提高根系的吸收能力。中耕时要注意不能埋苗，不要伤到叶片及苗的根部。第二次中耕选择在拔节前期进行，以消灭田间的杂草，疏松土壤，提高土壤的蓄水能力以及抗逆性。肥水管理是提高产量的关键，其原则是"三看两定"，即看天、看地、看庄稼，也就是说，依据自然降水量的多少、土壤肥力状况、燕麦墒情而定浇水和追肥的量。

六、施肥影响燕麦饲草的品质吗？

施肥影响燕麦草的品质，直接影响色泽和饲喂价值。

七、燕麦饲草田需要防除杂草吗？

特级质量的燕麦干草要求杂草重不超过 5%。阔叶和禾本科杂草会增加草捆的污染物，并引起发霉而降低草品质，也影响草的视觉和感官品质，因此杂草控制非常重要。

八、燕麦饲草田怎样对杂草进行控制？

燕麦饲草田对饲草的防控方法主要是苗前的杂草控制、中耕除草、化学防除等。

九、怎样进行苗前杂草控制？

出苗前的杂草控制至关重要，因为出苗后的杂草控制方法非常有限。播后苗前杂草控制可以使用除草剂田普。田普为土壤封闭性除草剂，该产品及剂型为德国巴斯夫（BASF）在全球的专利产品，可以广泛地用于多种农作物、园艺等作物防治一年生阔叶及禾本科杂草。田普除了作为抑制杂草种子萌芽外，还能抑制杂草幼苗的生长。田普属于水溶性，能控制农药有效成分缓慢释放，增加对作物的安全性，延长药剂的有效期，巩固防治效果。杂草特别是藜（灰灰菜）较多的地块，用量应大于 1 650 毫升/公顷。北方地区用量应为 2 250~2 700 毫升/公顷，南方地区为 1 200~1 650 毫升/公顷。原则上草多、土壤黏重、整地不平或有机质含量高于 2% 时用量应该增加；如果希望药效期更长的地块用高剂量，反之则用低剂量。一般用水量为 450~675 千克/公顷（常规喷雾器 2~3 桶）；干旱或整地不平时，用水量应为 675~900 千克/公顷，才能均匀覆盖地面。施药后应注意保护药土层，避免药土层被破坏而导致封闭不严，防除效果不好。喷药后避免大量浇水。如果降大雨造成地块积水，将土表药剂淋洗到根部，可能会产生轻微药害或影响药效，可以施入促根剂促进根系生长而解毒。

十、燕麦饲草田怎样进行中耕除草?

燕麦从出苗到拔节初期要根据土壤墒情中耕 1~2 次,以锄去杂草、破除板结、减少水分蒸发。第一次中耕是当燕麦幼苗长到 4~5 叶时进行,宜浅中耕,但对杂草多、土壤带盐碱的地块,第一次中耕不宜提前。除草结合中耕可以增加土壤的通气性,防止脱氮现象,促进新根大量发生,提高吸收能力,增加分蘖。因为燕麦小苗的根部很脆弱,如遇损坏很难恢复,所以中耕要做到浅锄、细锄、不埋苗,千万不要伤及燕麦小苗叶片和根部。

第二次中耕,宜在分蘖至拔节前进行,此次中耕可以消灭田间杂草,疏松土壤,提高地温,减少土壤水分蒸发,提高土壤蓄水能力,同时可促进燕麦根系生长,提高燕麦抗逆性。

第三次中耕,宜在拔节后至封垄前进行深耕,既能减轻蒸发,又可适当培土,起到防倒伏的作用。

十一、怎样进行化学除草?

燕麦对除草剂反应较其他禾谷类作物敏感,使用不当会造成燕麦减产和带壳率提高,直接影响种植效益,因此一定要慎用。苗后除杂草必须在杂草还比较小的时候进行,应该在燕麦第二个茎节出现时(离地 1.5~2.5 厘米)完成喷除草剂的工作,2,4-二氯苯氧乙酸用于防除燕麦地里的阔叶杂草很有效。在燕麦的分蘖期到拔节前可喷施立清乳油灭除阔叶杂草,对多种阔叶杂草均有很好的防治效果,特别对当前常用除草剂苯磺隆、氯氟吡氧乙酸(使它隆)的抗性杂草,如婆婆纳、刺儿菜、铁苋菜等有较高的防效。使用立清的防治时期一般在燕麦

3~5叶期，阔叶杂草基本出齐后，选择晴好无大风天气用药。每公顷用40%立清乳油1 200~1 500毫升兑水450~600千克均匀喷雾。施药后6小时内如降水需进行二次补喷。

十二、野燕麦需要防除吗？

野燕麦是燕麦地里最难防除的禾本科杂草，它能使燕麦的干草产量和品质都降低，但是如果数量不多时，不需要防除。如果燕麦地里的野燕麦达到5%以上比较明显必须在它开花前收割燕麦，防止野燕麦结实，造成翌年的严重污染。播种时要选择不含野燕麦的种子。

十三、燕麦饲草生产能使用除草剂吗？

高残留的除草剂会残留在燕麦饲草中，饲喂进入牲畜体内，间接进入人体。除草剂不仅危害人类的健康，同时破坏人类赖以生存的生态环境。所以从安全角度考虑，不建议使用除草剂。

十四、燕麦饲草田有哪些主要杂草？

燕麦饲草田杂草共有24种，分属于11科20属，主要杂草有稗草、藜、地肤、猪毛菜、狗尾草、苦菜等。

十五、燕麦饲草田杂草的防除策略是什么？

燕麦饲草田除草必须贯彻"预防为主，综合防除"的策略，把农艺除草、人工除草和化学除草有机地结合起来，形成一个综合治理体系，各麦区可根据当地杂草种类、为害情况、自然条件、气候、耕作制度等，因地制宜采取简便有效的措施，把杂草为害控制在经济允许的损失水平之下。

十六、燕麦饲草田杂草防除的农艺措施有哪些？

（1）轮作倒茬。通过不同的作物轮作倒茬，可以改变杂草的适生环境，创造不利于杂草生长的条件，从而控制杂草的发生。

（2）合理耕作。采取深浅耕相结合的耕作方式，既控制了麦田杂草，又省工省时。在多年生杂草重发区，冬前深翻，使杂草地下根茎暴露在地表而被冻死或晒死。常年精耕细作的田块多年生杂草较少发生。

（3）施用充分腐熟的农家肥。农家堆肥中常混有较多杂草种子，因此，肥料必须经过高温腐熟，以杀死杂草种子，充分发挥肥效。

（4）加强田间管理。可在燕麦分蘖期以前人工除草1次，以苗压草，充分发挥生态控制效应。

十七、燕麦饲草田常用化学除草剂有哪些？

燕麦饲草田常用化学除草剂有氟乐灵、田普、扑草净、苯磺隆、立清乳油、氯氟吡氧乙酸（使它隆）、阔极、溴苯腈等。

十八、使用化学除草剂的主要时期和方法是什么？

氟乐灵。触杀型除草剂。每公顷用48%氟乐灵乳油1 507.5~2 512.5毫升，兑水703.5~1 005千克，混合均匀后喷雾，在阴天或傍晚时间施药。可防除稗草、马唐、牛筋草、千金子、大画眉草、早熟禾、苋、藜、繁缕、蓼等一年生禾草和部分阔叶杂草。在燕麦播前或播后苗期进行土壤处理，施药后及时混土 3~5 厘米深，残效期长，在北方干旱区可达 10~12 个月，对后茬有一定影响。

田普。属于喷施土壤封闭性除草剂。杂草特别是灰灰菜较多的地块，用量应大于 1 650 毫升 / 公顷；东北地区用量应为 2 250~2 700 毫升 / 公顷，新疆应为 1 650~2 250 毫升 / 公顷，南方区为 1 200~1 650 毫升 / 公顷，兑水量为 450~675 千克 / 公顷，如果干旱或混土较深时，兑水量应为 675~900 千克 / 公顷。原则上草多、土壤黏重、整地不平或有机质含量高于 2%，希望持效期更长的地块用高剂量，反之则用低剂量。可有效防除稗草、马唐、狗尾草、牛筋草、早熟禾、看麦娘等一年生禾本科尖叶杂草，也可防除藜、马齿苋、苋菜、繁缕等一年生阔叶杂草和一年生莎草，在高剂量时可抑制龙葵、苘麻、铁苋菜的生长。对马齿苋、繁缕特效。应在播种盖土后再喷药。

立清。每公顷用 1 200~1 500 毫升 40% 的立清乳油兑水 450~675 千克均匀喷雾。杀草广谱，对燕麦田大多数阔叶杂草均有较好的防治效果。一般在燕麦出苗期至拔节期前，阔叶杂草基本出齐后，选择晴好无大风天气用药。施药后 6 天之内降水应补施。

十九、燕麦总体的需肥规律是什么？

与生产燕麦籽实相比，生产燕麦干草消耗的氮肥量更低。传统上，通过高氮肥投入来获得高产，然而当今的市场是由牧草品质决定的，因此在燕麦草的生产上，要控制氮肥施入，均衡施肥。首先氮肥用量要与播种时土壤的氮肥水平和燕麦生长期的长短相适应，其次要根据燕麦干草转移走的主要营养元素（氮、磷、钾、硫、锌和镁）来确定施肥量，即施肥时需要考虑种植燕麦时土壤的养分状况和预期的燕麦产量。表 6-1 列出了每生产 1 吨燕麦青干草从土壤中吸收的元素含量。温度对燕麦幼苗的生长影响很大，如果播种时温度合适，幼苗在中或少量施肥量的情况下也生长良好；如果在低温下播种，根和地上部分的生长速度都慢，施肥量低会明显影响燕麦的生长，所以低温时施肥量要偏高。磷、钾和微量元素与种子同时施入有利于燕麦苗期生长。氮、硫等移动性强的元素应该在生长季追施。镁等容易被土壤固定的微量元素最好叶片喷施。

表 6-1　燕麦干草转移走的营养物质

营养物质	转移量（千克/吨）	
	平均	范围
氮（N）	11	8~13.5
磷（P）	2	1.2~2.2
钾（K）	20	15~30
硫（S）	2	1.0~3.5
钙（Ca）	8	5~11
镁（Mg）	8	5~11
铜（Cu）	0.004	0.002~0.020
锌（Zn）	0.02	0.006~0.040
锰（Mn）	0.009	0.007~0.015
钼（Mo）	0.001	—
铁（Fe）	微量	—
硼（B）	0.004	0.002~0.080

注：变化范围是根据土壤类型、土壤养分水平、生育期长度及产量进行估算。

二十、什么是种肥?

种肥是指与播种同时施下或与种子拌混施入的肥料。种肥是最经济有效的施肥方法。它是在播种或移栽时,将肥料施于种子附近或与种子混播供给作物生长初期所需的养料。由于肥料直接施于种子附近,要严格控制用量和选择肥料品种,以免引起烧种、烂种,造成缺苗断垄。

二十一、什么是底肥? 种植燕麦饲草如何施底肥?

底肥即基肥,是在播种或移植前施用的肥料。它主要是供给植物整个生长期中所需要的养分,为作物生长发育创造良好的土壤条件,也有改良土壤、培肥地力的作用。作基肥施用的肥料大多是迟效性的肥料。厩肥、堆肥、家畜粪等是最常用的底肥。化学肥料的磷肥和钾肥一般也作基肥施用。

燕麦在种植过程中,底肥的施用一般以农家肥(如腐熟好的牛、羊粪)为主,根据土壤肥力确定施肥量,以优质农家肥3 000~4 500千克/公顷为宜。

二十二、种植燕麦饲草一定要施用氮肥吗?

燕麦是喜氮作物,每形成100千克籽粒,需吸收氮3.0千克、磷1.0千克、钾2.5千克;每生产1吨燕麦干草,需要氮11千克、磷2千克、钾20千克,故增施氮肥可提高产量,注意施用氮肥过量会引发倒伏。

二十三、种植燕麦饲草怎样控制氮肥?

播种燕麦时氮肥的用量要适当,燕麦生长初期使用过多的氮肥，会导致饲草品质降低。研究表明，不管播种时间如何，也不管氮肥是被撒施还是深施在燕麦种子下面，播种时施用氮肥超过100千克/公顷，燕麦中水溶性碳水化合物的含量就会相应降低。

二十四、种植燕麦饲草可以追肥吗？

可以。但是有几种情况可不追肥：一是在基肥和种肥均施足的情况下，可不追肥，因为肥水条件较好，追肥易造成燕麦倒伏；二是虽未施基肥，但土壤肥力较高，同时施入了较大量的种肥情况下可不追肥；三是有机燕麦生产基地不允许追施无机肥，由于追肥一般选择速效肥，所以在有机燕麦草生产过程中一般不追肥。

二十五、播种时氮肥如果施用量大会造成烧苗吗？

播种时如果施用大量氮肥，有可能造成烧苗。对出苗率危害程度的大小与土壤类型、行距、土壤水分、肥料种类及施用方法有关。

二十六、燕麦饲草田应该怎样施氮肥？

如果播种时氮肥用量比较大，特别是用尿素作氮肥，需要做到化肥与种子分离。具体方法：氮肥施在种子下方或种子旁边；播种前撒施尿素，通过播种或降水将化肥带入土壤；播种后地表撒施，靠降水或灌溉溶解化肥。

二十七、追施氮肥的最佳时期是什么时期？

在燕麦生长过程中，施氮量、施肥时间和燕麦的发育期密切相关。为生产高质量的燕麦干草，追施氮肥应该在分蘖中期到第一个茎节出现。在这个阶段或之前追氮肥能提高产量，而晚于这个阶段施氮肥会造成硝酸盐积累，降低牧草品质。如果观察到燕麦生长缓慢或出现缺氮症状，每公顷每次施用50千克尿素就足够。

二十八、过量施用氮肥会影响燕麦青干草的品质吗？

氮肥用量太大，造成植株高大，容易倒伏，以及底部茎秆色泽差，生产出的干草品相不好。过量施用氮肥，有时会造成干草中硝酸盐含量大于500毫克/千克，很多牧场拒绝购买这样的草。

如图6-1所示，氮肥的施入量影响燕麦草NDF含量，随着氮肥施入量的增加NDF含量也逐渐增加。生长温度越高NDF含量随氮肥的施入量的增加而增高的更明显。当氮肥施入量达到100千克/公顷时，温度高时播种的燕麦NDF含量会急剧升高；当每公顷施用50千克尿素时，NDF含量已经超出特级燕麦饲草的含量标准（特级燕麦NDF含量≤54%）。所以要根据品种特性施入氮肥。温度高时每公顷施用小于50千克尿素，晚熟品种最多施入50千克/公顷。

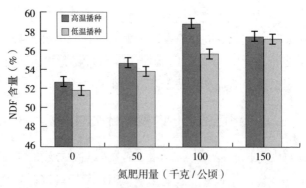

图6-1 氮肥用量对燕麦饲草NDF含量的影响

二十九、氮肥对燕麦饲草的 WSC 含量有影响吗?

氮肥对燕麦饲草 WSC 含量的影响规律:随着氮肥的施入量增加,WSC 含量逐渐减少。高温播种和低温播种燕麦略有差异(图 6-2)。从饲草品质考虑,尽量少施氮肥有利于 WSC 的积累。

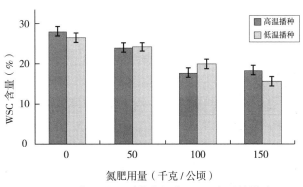

图 6-2 氮肥用量对燕麦饲草 WSC 含量的影响

三十、氮肥用量与品种熟期和燕麦干草的 ADF 含量有什么关系?

图 6-3 显示了品种熟期、氮肥用量和燕麦干草的 ADF 含量之间的关系。早熟品种的品质受氮肥施用量的影响更明显,晚熟品种的燕麦 ADF 含量随氮肥施用量变化幅度不大,但是趋势依然是随着氮肥用量增加 ADF 含量增加。

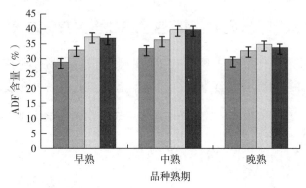

氮肥用量： ■ 0　□ 50（千克／公顷）　□ 100（千克／公顷）　■ 150（千克／公顷）

图 6-3　品种熟期、氮肥用量和燕麦干草的 ADF 含量的关系

三十一、种植燕麦饲草在什么情况下施用磷、钾肥作种肥？

在底肥不足或未施入底肥的田块，经测定分析缺钾、缺磷的地块，可以施入一定量的磷、钾肥作种肥。一般每公顷施用氮（N）、磷（P_2O_5）、钾（K_2O）分别为 60 千克、22.5~45 千克、75 千克。不同地区可在田间试验的基础上，进行科学施肥。如果土壤中不缺钾元素，则种肥中尽量不施钾肥，以确保燕麦饲草中有尽量少的钾元素。

三十二、钾元素能提高燕麦饲草的抗倒伏性吗？

能。钾肥施用适量时，能使作物茎秆长得坚强，防止倒伏，促进开花结实，增强抗旱、抗寒、抗病虫害能力。

三十三、种植燕麦饲草怎样控制钾肥？

与生产籽粒相比，生产燕麦干草会带走更多的钾，但要根据钾肥的价格考虑钾肥投入的经济性。燕麦需钾时期是拔节后与抽穗前，抽穗以后逐渐减少，因此钾肥要在播种前施足。一般情况下，种植燕麦饲草不专门施用钾肥。研究者在青海省湟中县鲁沙尔镇进行氮、钾施用量研究发现，在施肥前土壤铵态氮为3.6毫克/千克、硝态氮为22.7毫克/千克、速效钾为103毫克/千克时，单施钾肥燕麦饲草产量随施钾量的增加而增加，但饲草产量之间的差异不显著。所有处理中，以氮肥75千克/公顷、钾肥105千克/公顷饲草产量最高。

三十四、什么时候进行燕麦饲草追肥？

分蘖至拔节期是燕麦需肥的关键时期，此时底肥和种肥已不能满足燕麦生长发育所需的养分，因此需要追肥。追肥原则为前促后控，结合灌溉或降水前施用。

三十五、种植燕麦饲草怎样控制磷肥？

生产燕麦干草与生产籽实需要的磷肥一样多，所以磷肥的用量可以与当地种植小麦等籽实作物的磷肥用量一致。燕麦饲草或籽实的生产，一般不单独施入磷肥，多数选择复合肥施入。磷酸二铵是一种含氮、磷两种营养元素的二元高效复合肥，它被广泛用于农业生产。它既可作基肥，又可作追肥，既适于旱地作物，也适应水田作物，不仅适用于酸性土壤，也可用于碱性土壤，对各种农作物均有显著的增产效果，并且比同等养分的单体氮肥和磷肥增产幅度大，可优先选择使用。

三十六、燕麦饲草田需要浇水吗？

能否浇水要看灌溉条件。高产地块是需要浇水的。一般掌握以下原则：灌溉条件具备充足时，除苗期建议适当蹲苗促进根系发育外，最好保证燕麦的各个生长期都不要缺水。如果播种后只能灌溉1次，在燕麦孕穗早期进行灌溉产量最高。如果可以灌溉2~3次，最好安排在分蘖期、拔节期和抽穗早期进行。寒冷地区大约需要300毫米的湿润深度，温暖地区大约需要450毫米的湿润深度。

三十七、燕麦饲草田灌溉原则有哪些？

（1）早浇头水。第一次浇水时间应在3~4片叶时进行。此时燕麦开始分蘖，决定燕麦的群体结构。同时次生根生长，主穗顶部小穗开始分化的时期，对产量影响较大。结合浇水也可每公顷施75~105千克尿素作追肥。在这一阶段燕麦需要大量水分，宜早浇，小水浇。

（2）晚浇拔节水。拔节期是燕麦营养与生殖生长并重时期，也是需水需肥最旺盛时期，如果及时浇水、追肥，可争取最大生物产量。结合浇水再追施氮肥或氮磷配合使用，可获丰产。追肥一般每公顷施尿素75~105千克和磷肥1 125千克。拔节期是燕麦生长的重要时期，需要大量水肥。拔节水一定要晚浇，即在燕麦植株的第二节开始生长时再浇，且要浅浇轻浇。如果浇水过早，燕麦植株的第一节就会生长过快，容易造成倒伏。

（3）浇好孕穗水。孕穗期也是燕麦大量需水的时期。此时，燕麦底部茎秆脆嫩，顶部正在孕穗，如果浇不好，往往造成严重倒伏。因此，必须将孕穗水提前到顶心叶时期，并要浅浇轻浇。燕麦抽穗后不建议进行灌溉，防止倒伏。

（4）开花—灌浆期浇水要控制。此期临近收割期，浇水一定要控制。灌浆后期若遇雨水偏多，应及时排水防涝，预防贪青晚熟或倒伏。

三十八、燕麦的病虫害多吗？会影响燕麦品质和产量吗？

燕麦生长的各个时期都可能受到很多种真菌、细菌、病菌、线虫和昆虫的为害，导致燕麦干草产量和品质的降低。病害还会严重影响燕麦干草色泽，茎或叶锈病严重的燕麦，气味闻起来也不好。燕麦各生长阶段主要病害见表 6-2。

表 6-2 燕麦各生长阶段主要病害

生长阶段	主要病害
播种至分蘖中期	根的病害：线虫病和丝核菌病 叶的病害：大麦黄矮病
分蘖中后期	叶枯病、大麦黄矮病、叶斑病
拔节期至成熟	叶枯病、大麦黄矮病、红叶病、秆锈病、叶锈病、黑穗病

三十九、种植燕麦刈青饲草需要药物拌种吗？

药物拌种是防止燕麦坚黑穗病等病害的主要措施之一。一般田块在播种前都要进行药剂拌种。拌种方法：晒种后选择无公害生产允许使用的药剂，如多菌灵、甲基硫菌灵（甲基托布津），以燕麦种子量 0.3% 的药量拌种，起到杀菌防病的作用，尤其对燕麦坚黑穗病有很好防治效果。

四十、常用拌种的药物有哪些？

在播种前将种子与农药、菌肥等拌匀。农药防止病虫害，菌肥作为种肥或接种剂。根据产品的功能特点可分为杀虫拌种剂（如 35% 吡虫啉悬浮种衣剂，粒得丰、千金粒秀）、杀菌拌种剂（如 0.2% 戊唑醇悬浮剂、科丰麦建、农秀）、调节拌种剂（如绿黄金、4.2% 萘乙酸），按照成分性质分为化学农药拌种剂（35% 吡虫啉悬浮种衣剂）和生物农药拌种剂（如井冈枯草芽孢杆菌干拌剂、粒得金）。

四十一、如何确定播种时间？

燕麦是否适时播种对其产量影响很大。一般要根据燕麦的品种及当地的气候特点、气温高低、土壤墒情来确定具体时间。北方一般从 4 月上旬开始播种延续到 6 月初，早熟品种可以最晚推迟到 6 月下旬。在此范围内，播种时期主要考虑与降水期同步。燕麦对水最敏感的时期为孕穗期，其次为开花至灌浆期。因此，不同品种为了能与降水期吻合，播期确定也不一样，多雨地区最好能避开病害高发期，旱地燕麦最好在雨季播种。晚熟品种的适宜播期为 5 月 15—20 日，中熟品种的适宜播期为 5 月 25 日左右，早熟品种的适宜播期为 5 月底至 6 月初。但无论是什么品种，在二阴滩地可提前 3~5 天播种，沙土地和向阳地可推迟 3~5 天播种。在水浇地条件下，不考虑需水关键期与降水高峰期对口问题，而应考虑何时播种有利于燕麦的生长发育，以及燕麦饲草的收获时期能否避开雨季。

四十二、燕麦草播种量影响饲草品质吗？

播种量影响饲草品质。主要是影响燕麦茎秆粗度、杂草竞争和燕麦饲草色泽几个方面的品质。提高播种量还能降低燕麦茎秆直径。播种量低，燕麦茎秆就粗，导致牧草纤维含量提高。同时密度小与杂草的竞争就弱，而杂草增多，草捆就容易霉变并影响干草品质。

四十三、水浇地、中等地力条件下燕麦饲草播种量是多少？

根据不同品种、不同地力、不同播种方式等决定播量，一般为135~225千克/公顷。根据品种生产特性确定适宜的播种量。水浇地中等地力条件下，饲草种植时，最佳播种量150千克/公顷；种子生产时，最佳播种量为135千克/公顷。饲草用燕麦的播种量要比收籽粒用燕麦高30%~50%。不同燕麦品种的千粒重区别较大（26.0~45.5克），因此确定播种量要先考虑种子的千粒重等因素的影响。

四十四、北方旱地燕麦饲草播种量一般是多少？

燕麦的种植密度可根据不同地区土壤肥力、水分条件、品种、种子发芽率和群体密度确定。旱地裸燕麦一般每公顷播种量为120~150千克，即每公顷600万~675万粒，基本苗400万~500万株；皮燕麦每公顷播量在180千克左右。不同水分、肥力条件燕麦播量不同。在瘠薄旱地每公顷播量90~105千克，一般旱地每公顷播量在105~120千克，中等肥力旱地每公顷播量135~150千克，在肥力较高的二阴滩地、下湿滩地和水浇地每公顷播量应在150~185千克。在盐碱土壤上，播量应加大到正常播量的3倍以上。如果所选燕麦品种的幼苗活力较弱，也可提高20%~30%的播种量，当然高肥力地块可以不增加播量。较高的植株密度能够获得较高的产量，相应地要有较好的水肥条件。一般推荐的燕麦播种量为每公顷

165~225 千克；旱地的播种量可低于 150 千克 / 公顷。燕麦作为多年生牧草的保护作物时，播种量应该在 75 千克 / 公顷以下。

四十五、燕麦饲草播种行距是多少？

不同的行距会对作物的产量和水分利用产生影响，可以高效利用天然降水，形成生产力，提高效率。单播燕麦一般为 15~25 厘米，与其他饲草混播行距一般为 25~50 厘米。行间距影响燕麦草品质的主要因素有杂草竞争、色泽、饲喂价值及霉变。为获得最高的产量和最好的品质，试验证明，燕麦理想的播种行距是 7.5 厘米，这个行距既有利于燕麦与杂草竞争，也有利于燕麦更好地吸收肥料。7.5 厘米的行距也能提高植株整体密度，收割时残茬能够将草条支撑离开地表，减小干燥不均匀及打捆时的土壤污染等问题。由于农场现有机械的不配套、田间杂草、除草剂危害等因素，生产现实中很难实现 7.5 厘米的播种行距，但行距最好不要超过 22.5 厘米，否则杂草很难防治，割倒的草也容易接触到地表土壤，影响牧草品质。如果播种的行距是 30 厘米，可以采用交叉播种的模式，使行距变成 15 厘米，但交叉播种还要考虑播种的方向问题。使用高精度的 GPS，可以直接在 30 厘米的行距内播种，将行距降为 15 厘米。采用机械播种，条播行距 15~20 厘米，深度以 3~5 厘米为宜，防止重播、漏播，下种要深浅一致，播种均匀，播后镇压使土壤和种子密切结合，防止漏风闪芽。宽行播种增加了燕麦种子的产量，但影响了牧草产量，因而不宜进行宽行播种。播种时间应根据当地气候条件和耕作制度，适时播种。春燕麦一般在 2 月中下旬至 3 月上旬播种。采用宽窄行、宽幅条播、间作、套种或零星点播种植，播种要均匀，深浅一致，播后覆土深度为4~6厘米。

四十六、燕麦饲草播种覆土深度是多少？

一般燕麦饲草的播深为3~7厘米。沙性土播深为5厘米左右，黏性土播深为3厘米左右，壤土播深介于沙土、黏土之间。若土壤干旱，深播种子，播后耙地，这样有利于保墒出苗。盐碱地深耕后，播种适度加深可提高燕麦的耐盐碱能力。

四十七、燕麦饲草播种覆土后需要镇压吗？

需要镇压。播种后镇压可踏实土壤，粉碎坷垃，提高地温，具有保墒提墒作用，还有增根增蘖的效果，防止吊苗死苗。

四十八、播种方向能影响牧草质量吗？

播种方向能影响到牧草质量的色泽、污染、霉变等，因此，播种方向应考虑将来割草的方向。

四十九、播种燕麦时可以采用哪些播种方向？

播种燕麦时可以采用转圈播、往复播或对角播。如果转圈播种，最理想的刈割方向是与地块最长边呈90°；往复播种，刈割方向应该与播种方向垂直；对角播种，采用转圈刈割或是往复刈割，这样割草与播种方向呈45°。

五十、转圈播种—转圈割草方式弊病多吗？

采用"转圈播种—转圈割草"这种组合弊病多。这种方式大多数割倒的草落在播种行之间，这样放置的燕麦草干燥速度不一致，因为落在地面的草比落在草茬上的草干燥速度慢；大部分草直接放在地面，导致搂草时要降低高度，增加了杂物进入草捆的概率。这种播种方式的另一问题是地头的播种量和化肥用量都是加倍的，因此地头容易出现倒伏、茎秆变色、碳水化合物降低等现象，引发牧草品质降低等问题（图6-4）。

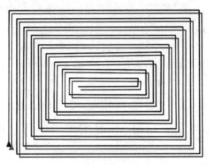

图6-4 "转圈播种—转圈割草"方式

五十一、往复式播种—垂直方向往复式刈割有何优点？

往复式播种—垂直方向往复式刈割这种组合能够保证大部分割倒的草被残茬支撑离开地表。地头面积最小化，而且从地头打的草捆和里面的很容易区分（图6-5）。

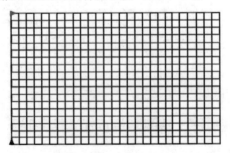

图6-5 往复式播种—垂直方向往复式刈割

五十二、往复式播种—转圈割草有何利弊?

实现转圈割草的机械只有由动力输出轴驱动的割草机才能够转圈割草,这种割草方法会对地头的草造成损失。采用往复式播种—转圈割草这种组合方式的话,为使干草损失降到最低,播种方向应该与种植地长度较短边的方向一致(图6-6)。

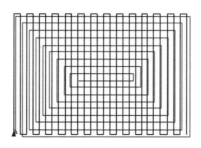

图6-6 往复式播种—转圈割草

五十三、对角播种—往复式或转圈割草有何利弊?

采用对角播种—往复式或转圈割草的组合方式,缺点是会对地头的草造成损失,但这种组合因为播种和割草方向永远不重合,对干草草质的损失可以降低到最小(图6-7)。

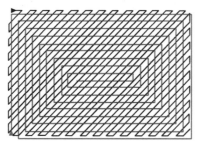

图6-7 对角播种—往复式或转圈割草

五十四、燕麦饲草可以和什么饲草混播?

可与箭筈豌豆、毛苕子、豌豆、苜蓿等混播。

五十五、旱作燕麦饲草的栽培技术要点是什么?

旱地种植燕麦饲草的关键有三点,一是保全苗,二是施好种肥和基肥,三是通过调节播期使燕麦需水的关键期与当地降雨高峰期相吻合。燕麦饲草的栽培关键是抓全苗。一般播种行距为 10~15 厘米,播种深度根据墒情而定,一般以 4~6 厘米为宜。早播的要适当深一些,晚播的适当浅一些。干旱少雨和墒情不好的年份要适当深一些。一般每公顷播种量为 180 千克左右,机械播种或肥沃的地块可适当增加播种量 15~30 千克/公顷;瘠薄地播种量不宜超过每公顷 150 千克。下种要深浅一致,播种后必须镇压,压实表土,填充空隙,使土壤和种子密切结合,防止漏风闪芽,起到保墒护土的作用,有利于出苗。施足基肥和种肥,旱地没有灌溉条件,追肥比较难,所以旱地高产要施足基肥和种肥。通过选用品种,调节播期,使燕麦的需水关键期——拔节孕穗期与当地的降水高峰期相吻合。

五十六、盐碱地燕麦饲草的栽培技术要点是什么?

(1)整地。盐碱地需适时翻耕,一般翻耕深度为 25 厘米左右,翻后耙平,打碎土块,精细整地,以便播种。

(2)可施有机肥 22.5 吨/公顷作底肥。播种时种肥可以施磷酸二铵 150 千克/公顷,尿素 75 千克/公顷。生育期间如果缺肥严重,可少量追施尿素。

(3)盐碱地播种一般较普通地晚,播量为 150 千克/

公顷。

（4）选择较耐盐的品种，如蒙饲燕1号、蒙饲燕2号等。

（5）播深在5~7厘米较为适宜，可获得较高的效益。过浅受盐胁迫较严重导致苗弱，过深影响燕麦籽粒的顶土能力易造成缺苗。

（6）田间管理。盐碱地及时中耕除草对于抑制返盐较为有效，而且可增加地温。灌溉或降水后一定要尽早中耕，以免造成土壤板结，盐分积于地表，影响生长，甚至会造成死苗现象，所以要高度重视。

（7）水分管理。根据土壤水分条件尽快进行水分管理，如播种时土壤干燥，需要进行灌水，以0~20厘米土壤变为湿润即可。如播种后灌水3~5天土壤变板结，需轻耙破除板结以利出苗。在拔节期、开花期及灌浆期如干旱，需要及时补水。

（8）适时收获。燕麦饲草在孕穗期收获营养价值较高。收获时留20~25厘米高茬，具有减少土壤水分蒸发和抑制盐碱作用，以备翌年春季再免耕播种燕麦。

五十七、沙地燕麦饲草的栽培技术要点是什么？

（1）选用耐瘠薄、抗旱性能强的燕麦品种，如蒙饲燕1号、蒙饲燕2号等。

（2）采取免耕播种，利用翻耕、播种、镇压一体化的种植方式为宜。

（3）施入较大量的有机肥，或者在田块中掺入一定量的黏性土壤。

（4）有灌溉条件的要及时灌水追肥。

第七章

病虫害防治

一、燕麦饲草有什么常见病害？

燕麦主要病害是坚黑穗病和红叶病，其次是叶斑病、炭疽病和秆锈病等。

二、燕麦饲草主要有哪些地上害虫和地下害虫？

地上主要害虫有麦蚜、黏虫、叶蝉；地下害虫有蝼蛄、金针虫类、蛴螬、地老虎等。

三、燕麦饲草的黑穗病怎样防治？

燕麦黑穗病包括两种病原菌，一种是燕麦坚黑穗病菌；另一种是燕麦散黑穗病菌。我国燕麦发病以坚黑穗病为主。其病菌孢子是厚垣孢子，近圆形、黑色。坚黑穗病菌表面光滑，而散黑穗病表面有细刺。厚垣孢子发芽的适宜温度为 18~25℃，在 55℃时，10 分钟就会死亡。在低温条件下，病菌可保持较长的生活力。

燕麦黑穗病的侵染、循环过程是黏附在健康种子表面的厚垣孢子，随种子发芽而发芽，并侵入幼芽芽鞘直达生长点，而后随燕麦的穗分化再侵入结实部位。病菌在穗内部以菌丝体形式繁殖，至收获前菌丝体断裂而成为厚壁的单孢子，单孢子再粘连形成黑褐色菌块，使整个花序呈灰黑色病穗。在种子脱粒时，从病穗中飞散出的厚垣孢子再黏附在种子表面，造成了种子带菌。

防治方法：一是选育抗病品种，实行轮作和清除田间病株；二是药剂拌种，用拌种霜按种子重量的0.3%拌种；或用50%克菌丹按种子重量的0.3%~0.5%在播种前5~7天拌种；可以用25%萎锈灵或50%福美双按种子重量的0.3%拌种；用多菌灵、甲基硫菌灵（甲基托布津）等可湿性农药湿拌闷种，均可起到防治效果。

四、燕麦饲草的红叶病怎样防治？

燕麦饲草红叶病是一种大麦黄矮病引起的病毒性病害，一般通过蚜虫传播。病毒病原体在多年生禾本科杂草或秋播的谷类作物上越冬。传毒蚜虫在迁飞活动中把病毒传播到燕麦植株上，吸毒后的蚜虫一般在15~20天才能传毒。蚜虫吸毒后可持续传毒20天左右。最先得病的幼苗成为中心病株，病叶开始发生，在中部自叶尖变成紫红色，然后沿叶脉向下部发展，逐渐扩展成红绿相间的条斑或斑驳，病叶变厚变硬，后期呈橘红色，叶鞘紫红色，病株有不同程度的矮化、早熟、枯死现象。低温、潮湿的条件有利于这种病害发生，因此降水量高的地区发病率高。避免播种敏感品种，焚烧或掩埋被感染的残茬病株。

防治方法：在蚜虫开始出现之前及时检查，一旦发现中心病株，要及时喷药灭蚜控制传播。一是用80%敌敌畏乳油3 000倍液喷雾，或用50%辛硫磷乳油2 000倍液喷雾，或用氰戊菊酯（20%速灭杀丁乳油）3 000~5 000倍液喷雾，或用50%避蚜雾可湿性粉剂150克/公顷兑水750~900千克喷雾；二是消灭田间及周围杂草，控制寄主和病毒来源；三是在播种前用内吸剂浸种或拌种；四是选用耐病品种。

五、燕麦饲草的锈病怎样防治？

燕麦饲草锈病主要分为秆锈病和冠锈病。秆锈病是燕麦的最严重的病害之一，在所有燕麦种植区都有发生，通常在气温为15~30℃的潮湿天气容易发病。病原体能产生多代孢子，植株早期感染会导致作物绝收。主要寄主是燕麦、野燕麦，可通过风传播。其症状类似于小麦秆锈病，始见于中部叶片的背面，初为圆形暗红色小点，然后逐渐扩大，穿过叶肉，使叶片两面都有夏孢子堆（病斑），然后向叶鞘、茎秆、穗部发展。病斑呈暗红色、梭形，可连片密集呈不规则斑，使受病组织早衰、早死，遇大风天气病株折断。燕麦秆锈病是专性寄生菌，普通小蘗是它的转主寄主，其性孢子和锈孢子要在小蘗上度过，然后转到燕麦植株上。

防治方法：一是选育抗秆锈病品种；二是消灭田间病株残体，清除田间或杂草寄主；三是实行轮作，避免连作；四是一旦发病，要及时进行药剂控制，发病较早需要重复使用叶面杀菌剂。每公顷可用25%三唑酮可湿性粉剂52.5克，兑水50千克在发病初期喷雾；或用烯唑醇（12.5%速保利）可湿性粉剂180~480克，兑水16 875升在感病前或发病初期喷雾；或用20%萎锈灵乳油2 000倍溶液喷雾；也可用25%三唑酮可湿性粉剂120克拌种处理种子100千克。

燕麦冠锈病是真菌性病害，它的病斑为橘黄色圆形小点，稍隆起散生不连片，发生严重时可连成大斑，最后破裂散出黄色粉末（夏孢子）。冠锈病一般发生在叶片、叶鞘上，收获前，在夏孢子堆的基础上形成暗褐色或黑色冬孢子堆，在叶片上为圆形点斑，在叶鞘上呈长条形，但不破裂。锈病夏孢子与燕麦秆锈菌相似，圆形，表面光滑，浅黄色。冬孢子为双胞柄锈菌，但上端的一个细胞为指状突起，恰似皇冠而得名。防治方法可参考燕麦秆锈病。

六、燕麦饲草的白粉病怎样防治？

该病可由小麦传播致燕麦发病。侵害植株地上部各器官，但以叶片和叶鞘为主，发病重时颖壳和芒也可受害。初发病时，叶面出现1~2毫米的白色霉点，后逐渐扩大为近圆形至椭圆形白色霉斑，霉斑表面有一层白粉，遇有外力或振动立即飞散。这些粉状物就是该菌的菌丝体和分生孢子。后期病部霉层变为灰白色至浅褐色，病斑上散生有针头大小的小黑粒点，即病原菌的闭囊壳。

栽培技术防治方法：提倡用酵素菌沤制的堆肥或腐熟有机肥，采用配方施肥技术，适当增加磷、钾肥；根据品种特性和地力合理密植。药剂防治：用20%三唑酮可湿性粉剂拌种预防。当白粉病发病时，病叶率达10%以上时，喷洒20%三唑酮乳油1 000倍液或氟哇唑（40%福星）乳油8 000倍液。

七、燕麦饲草的叶斑病怎样防治？

叶斑病的防治用烯唑醇（5% 速保利）拌种剂，或 40% 多菌灵、50% 福美双、甲基硫菌灵（70% 甲基托布津）拌种。也可在发病期间用 50% 多菌灵、50% 苯菌灵可湿粉剂喷雾。

八、燕麦饲草有专一性害虫吗？

燕麦饲草没有专一性害虫，即为害燕麦的害虫都属于麦类、禾谷类的杂食害虫，对于这些害虫的防治，燕麦可以借鉴小麦和其他禾谷类作物的防治方法。害虫分为地上害虫和地下害虫，地上害虫以蚜虫、黏虫、土蝗、草地螟、类夜蛾等为主，地下害虫以线虫、金针虫、蛴螬、蝼蛄等为主。

九、种植燕麦饲草怎样防治蚜虫？

蚜虫又名蜜虫、腻虫等，常见有麦长管蚜和麦二叉蚜两种。这两种麦蚜在燕麦整个生育期内都能发生为害，分为苗蚜和穗蚜两个为害阶段，应采取"挑治苗蚜、主治穗蚜"的策略。蚜虫严重的为害是能传播病毒，特别是黄矮病，它能够导致产量严重下降。因此，控制蚜虫是为降低或避免黄矮病。基于这种情况，就要尽早控制蚜虫。可以对种子处理或燕麦生长早期喷洒杀虫剂进行预防。

蚜虫为害初期叶片呈黄色斑点，逐步扩大为条纹状，严重时全叶皱缩枯黄，以致全株枯死，麦穗受害，造成空穗或秕穗。预防方法：有条件的地方进行麦田冬灌，可消灭部分越冬麦蚜；生长季节防治，当田间百株蚜量达 500 头时，用 25% 蚜螨清乳油 750 毫升/公顷，或吡虫啉系列产品 1 500~2 000

倍液喷雾；10% 的蚜虱净 3 000 倍液喷雾防治；20% 的吡虫啉 2 500 倍液；25% 的抗蚜威 3 000 倍液喷雾防治均可。麦蚜对吡虫啉和啶虫脒产生抗药性的麦区不宜单一使用药剂，可与低毒有机磷农药合理混配喷施。

十、种植燕麦饲草怎样防治黏虫？

黏虫在北方不能越冬，北方虫源由南方迁飞而来。一年发生多代，成虫昼伏夜出，白天一般潜伏在秸草堆、土块下或草丛中，晚间出来取食、交尾、产卵。在无风晴朗的夜晚活动较盛，幼虫在阴雨天可整天出来取食为害，到 5~6 龄进入暴食期。

防治方法：一是做好预测预报工作，最大限度消灭成虫，把幼虫消灭在 3 龄以前；二是诱杀或扑杀成虫，利用杨树枝或谷草把，诱集扑杀成虫，或用糖醋酒毒液诱杀成虫，在成虫产卵盛期，采摘带卵块的枯叶和叶尖，或用谷草把每 3 天换 1 次，并把其带出田外烧毁；三是幼虫灭除方法，对 3 龄前黏虫，可用 4 000 倍氰戊菊酯（速灭杀丁）、溴氰菊酯等菊酯类农药或 1 500 倍辛硫磷乳油、1 000 倍氧化乐果等有机磷杀虫剂，喷雾防治。3 龄后黏虫，清晨有露水时，可用乙敌粉剂、甲拌磷和辛硫磷复配（辛拌磷）粉剂进行喷粉防治。

十一、种植燕麦饲草怎样防治蝗虫？

蝗虫俗称蚂蚱，种类繁多，除成群远飞的飞蝗外，其他均称为土蝗。土蝗的生活习惯各不相同，一年发生一代或多代，以卵块在土中越冬。5~6 龄即为成虫，飞翔能力较弱，幼土蝗跳跃力极强，喜欢栖息在荒坡的草丛中，其食性极为复杂，几乎什么粮食作物都吃。

防治方法：一是做好土蝗预测预报工作；二是消灭幼蝻，幼蝻的抗药能力弱，可在其进入农田之前，在农田与荒坡之间喷一药带，宽度为1~3米。可用乙酰甲胺磷等农药1 000~2 000倍液喷洒；三是灭成虫，土蝗进入农田要及早消灭，一般用马拉硫磷、氧化乐果等农药，超低量防治蝗虫。

十二、种植燕麦饲草怎样防治草地螟？

属杂食性、暴食性害虫。一年发生2~3代，以幼虫和蛹越冬。幼虫有5个龄期，1龄幼虫在叶背面啃食叶肉，2~3龄幼虫群集在心叶，取食叶肉，4~5龄幼虫进入暴食期，可昼夜取食，吃光原地食料后，群集向外地转移。老熟幼虫入土作茧成蛹越冬。

防治方法：一是农业防治，秋季进行深耕耙耱，破坏草地螟越冬环境，春季铲除田间及周围杂草，可杀死虫卵；二是药剂防治，对3龄前草地螟，可用2.5%的溴氰菊酯、氰戊菊酯（20%的速灭杀丁）等菊酯类药剂4 000倍液喷雾，防治草地螟；三是人工诱杀，可用网捕和灯光诱杀，在成虫羽化至产卵2~12天的空隙时间，采用拉网捕杀或利用成虫的趋光性，黄昏后有结群迁飞的习性，采用黑光灯诱杀。

十三、种植燕麦饲草怎样防治麦类夜蛾？

麦类夜蛾属一年1代，以老熟幼虫越冬。在北方6—7月为成虫初发至盛发期，严重为害燕麦等农作物。成虫昼伏夜出，一般晚8时开始活动，交尾5~8天产卵，卵多产在第1~3小穗的颖壳内，初龄幼虫蛀食籽粒，老熟幼虫蚕食籽粒。

防治方法：一是农业防治。深翻灭卵，将根茬翻入 15 厘米土层以下，以增加初孵幼虫死亡率。适期灌水，幼虫初孵期正是燕麦 2~3 叶期，田间灌水可控制低龄幼虫为害。除掉根茬，将麦根除掉集中烧毁，减少越冬卵量。二是灯光诱杀。成虫发生期可用 20 瓦黑光灯诱杀。三是药剂防治。3 龄前幼虫用 5% 杀螟松乳油制成 2 000 倍液来防治。四是推迟播种期：麦类夜蛾产卵盛期一般与寄主抽穗、扬花期相吻合，避开其产卵盛期，即可减轻损失。

十四、燕麦饲草有哪些常见地下害虫？

燕麦饲草田常见地下害虫有金针虫、蛴螬、蝼蛄、金龟甲、线虫等。

十五、燕麦饲草地下害虫的农业防治方法是什么？

（1）耕翻土壤，实行精耕细作。实行春、秋播前翻耕土壤，特别是在我国北方深秋深翻多耙，通过机械损失、天敌捕食、寒冷冻死等，可消灭大量蛴螬、金针虫、根蛆等地下害虫。

（2）合理轮作倒茬。实行燕麦等禾谷类和块根、块茎类大田作物或棉花、芝麻、油菜、麻类等直根系作物的轮作或间套作，可减轻地下虫害的为害。在蛴螬严重为害的田间、地埂混种蓖麻，可起到毒杀的作用。

（3）合理施肥。猪粪、厩肥等农家肥必须腐熟后方可施入田间，施后要覆土，不能暴露在土表。碳酸氢铵、氨水、腐殖酸铵、氨化过磷酸钙等化学肥料也要深施入土中，既能提高肥效，又能因腐蚀、熏蒸起到一定的杀伤地下害虫的作用。

十六、燕麦饲草地下害虫的生物防治方法有哪些？

地下害虫的天敌种类虽然很多，但目前实际可用于生产的是乳状菌和卵孢白僵菌。在美国，乳状菌制剂 Doom（即甲型日本金龟甲乳状杆菌）和 Japidemic（即乙型日本金龟甲乳状杆菌）已作商品出售，每公顷用量 22.5 千克菌粉，防治效果一般达 60%~80%。

十七、燕麦饲草地下害虫的物理防治方法有哪些?

一是灯光诱杀。根据蝼蛄、金龟甲的趋光性，利用黑光灯诱杀，尤其是黑绿双光灯，对金龟甲的诱杀效果更好。二是人工捕杀。如结合犁地，随犁拾虫；结合夏锄，夏季挖窝毁卵，防治蝼蛄，利用金龟甲成虫的假死性，在其夜晚取食树叶时，震动树干，将伪死坠地的成虫捡拾杀死。

十八、燕麦饲草地下害虫的化学防治方法有哪些?

（1）种子处理。种子处理方法简单，用药量低，对环境安全，是保护种子和幼苗免遭地下害虫为害的理想方法。如果种子处理后再实施土壤处理，如颗粒剂毒土盖种等，则对地下虫害的防治效果更好。药剂拌种可用 50% 辛硫磷 100 毫升加水5 升，拌燕麦种子 50 千克。

（2）土壤处理。土壤处理方法有多种，可将农药均匀撒施或喷雾于地面，然后犁入土中；将农药与粪肥、肥料混合施入；施用颗粒剂，与种子混合施入；毒土盖种；条施、沟施或穴施等。为减少污染和避免杀伤天敌，提倡局部施药和施用颗粒剂。一是辛硫磷土壤处理。每公顷用50%辛硫磷3 750~4 500毫升加水10倍，喷在375~450千克细土上拌成毒土，条施在播种沟中，然后播种、覆土，或顺垄条施，但施药后要随即浅锄或浅耕。也可结合灌水顺垄浇灌。二是施用颗粒剂。常用颗粒剂及用量为5%辛硫磷GR 30~37.5千克/公顷；3%涕灭威30~37.5千克/公顷；10%甲拌磷粉粒剂11.25千克/公顷。施药方法：同种子、化肥混施；或与300~450千克细土、细粪混匀，拌成毒土或毒粪，撒施在播种沟内，覆薄土后再播种，或用毒土盖种。

十九、燕麦饲草的线虫病怎样防治?

（1）农业防治。通过与非寄主作物（大豆、豌豆、三叶草和苜蓿等豆科植物）和不适合寄主植物（玉米）轮作，可降低土壤中线虫的种群密度，有效防止此虫害。土壤低温可以刺激卵的孵化和抑制植物根系的生长，因此应调节播期，适当晚播；适当增施氮肥和磷肥，改善土壤肥力，促进植株生长；偏施钾肥可加重病情；干旱时及时灌水可有效减轻病害；施用土壤添加剂，控制根际微生态环境，使其不利于线虫生长和寄生，也是一种值得重视的防治措施。

（2）化学防治。播种前用10%噻唑膦，每公顷施用4.5~6千克，播种时沟施，能在一定程度上降低该病害的为害。

第八章

调制技术

一、为什么我国燕麦饲草的外观普遍较差？

造成外观较差的主要因素是没有掌握好收割调制技术，淋雨和日晒也是造成外观差的主要因素，在收割时压扁不到位和没有切段也会导致外观差。压扁需要将目前的一次压扁改为两次压扁，可以使用带两次压扁的割草机或使用专门的压扁设备进行两次压扁。不切段直接打捆的燕麦，其实很不方便牛场利用，特别是含水量稍高的燕麦，全混合日粮（TMR）切割比较困难，而农场在打捆时进行切碎，不但外观好，牛场利用起来也方便。

二、燕麦饲草生产最佳的刈割时期是什么？

燕麦青饲、晒制干草、青贮时，最佳收获时期应在灌浆到蜡熟期间收获，此时植株的 CP 含量高，消化率也高，又可获得较高的干物质产量，达到高产优质的目的，但是在实际生产中，根据生态条件和生产后续加工需要，刈割时期也要进行调整。

刈割时期与燕麦的生育期、刈割高度及刈割方向都相关，他们共同影响干草品质。

确定最佳刈割时期是基于燕麦产量和品质的平衡。最佳刈割时间由燕麦生育期决定，燕麦在整个生育期中的产量和可消化营养物质的变化，是两个发展方向相反的过程。燕麦生长的幼嫩时期，叶量丰富，CP、胡萝卜素等含量多，营养价值高，但产草量低。相反，随着生长和生物量的增加，上述营养物质的含量降低。二者兼顾起来，全面衡量，选择处在生长发育中产量相对最高、品质也相对最高的时期进行刈割。决定刈割时间也要考虑降雨的可能性以及天气状况是否有利于牧草干燥。研究表明，生产高品质燕麦青干草应从燕麦开花（顶端小花的花药伸出）到灌浆期（顶端籽粒用手挤压流出绿色液体）刈割。饲草企业种植燕麦草，在抽穗后至乳熟期收割，调制干草，打捆以后出售或储藏。

燕麦有一定的再生性，青刈燕麦可以刈割 2 次，第一次刈割可在拔节至开花期株高 50~70 厘米时进行，第一次留茬5~8 厘米，一般每公顷产鲜草 22 500~30 000 千克；隔 30~40天，第二次刈割，留茬 5 厘米。青贮时应在乳熟期到蜡熟期刈割，一般每公顷产鲜草 45 000 千克，晒制干草后每公顷产9 000~13 500 千克。如果要制作全株青贮，通常以主枝或主穗的籽粒达到完熟，分蘖或枝端的籽粒蜡熟为宜。如与箭筈豌豆等混播，通常在燕麦抽穗开花期进行刈割。

三、燕麦饲草刈割需要达到什么标准？

刈割是调制干草的第一步，刈割要求达到以下标准：一是割倒的草条落在草茬之上，能加快草的干燥速度；二是形成刈割蓬松的圆顶形草条，降雨渗透率最低；三是草条的宽度要与打捆机的宽度相适应，可以用搂草机或摊晒机在打捆前将不同行的草条并为一个。

四、燕麦饲草刈割需要什么机器？

刈割、调制、形成合适宽度的草条，这些工作通过带有压扁辊或强力调制设备的割草机可以一次性完成。圆盘或往复式割草机上的压扁辊可能还需要配强力调制设备，以减少干燥时间。

五、燕麦饲草刈割时留茬高度是多少？

燕麦作青鲜草使用，在拔节至开花期刈割，可以刈割2次，第一次留茬5~8厘米，第二次不留茬。晒制干草或青贮时，兼顾品质和机械要求留茬8~15厘米。

六、怎样确定燕麦饲草刈割留茬高度？

茎秆基部由于纤维含量高、氧化反应引起的变色、上部遮挡使光合作用提前结束等导致色泽较差。不考虑品质因素，留茬越低产量越高。留茬高产量低，但对品质有好处。生产高品质的燕麦，留茬可以为15厘米。如果预估产量较高或出现倒伏情况，留茬要相应提高，以保证草茬能支撑起草条。留茬高度首先要考虑搂草机和打捆机作业时距离地面有5.0厘米以上的距离。确定留茬高度还要考虑以下因素。

（1）纤维含量。与上部相比，植株下部木质素（不易消化）和纤维素（低消化）含量较高，留茬低NDF和ADF值就高，牧草的消化率就低。

（2）茎粗。茎秆基部最粗，影响干草外观。燕麦节点处消化率很高，也含大量的碳水化合物，从节点到节间中部，碳水化合物含量降低，木质素和纤维素的含量提高。因此，刈割时应该割在节点的下方。

（3）倒伏。燕麦倒伏时要根据刈割方向、刈割速度和割草机的类型来调整留茬高度。再者，如果天气晴好，倒伏的燕麦可以留茬低一些，但如果马上要降水，倒伏的燕麦必须留茬高一些，以加快鲜草的干燥。

（4）刈割方向。如果播种行距大于 12.5 厘米，割草方向要与播种方向垂直，以保证草条离开地面，这样可以提高空气的流通、减少饲草霉烂和方便打捆机作业。垂直方向割草的留茬高度可以低于与播种方向平行的留茬高度。如果草茬太长，打捆时容易堵塞打捆机或者还会使草条铺的不均匀，打捆时可能将草茬从土里拔起，打入草捆，增加草捆中的沙土含量。

七、生产燕麦青干草大体有哪几个环节？

燕麦草在抽穗开花期刈割后，可以进一步调制青干草，大致分为如下 7 个环节。

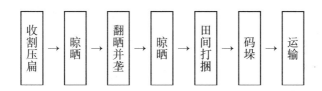

收割压扁 → 晾晒 → 翻晒并垄 → 晾晒 → 田间打捆 → 码垛 → 运输

八、燕麦刈青饲草可以做成什么草产品？

可做成青饲料、青贮饲料、青干草草捆、草粉及草颗粒等草产品。

九、燕麦青草的干燥速度受什么影响？

生产 1 吨干草，大约需要蒸发掉 3 吨水。干燥速度受环境、田间管理和机械影响。

十、环境因素如何影响燕麦青草的干燥速度？

光照强度、温度、风速、空气湿度和降雨决定着燕麦的干燥速度。一般情况下，干燥速度越快，燕麦的品质越好，因为牧草含水量大于 30% 时，都会进行呼吸作用消耗糖分。当气温高于 20℃时，呼吸损失会迅速增大，干物质损失可能高达 15%。在凉爽的天气下干燥，干物质的损失只有 2%~8%。干燥时间过长，燕麦发霉和遇到降雨的概率就会增大。大雨可以让割倒的干草产量降低 20%。下雨还容易使燕麦再生，打捆时如将再生的青草打进草捆，会增加草捆发霉或自燃的概率。割草前尽早停止灌溉，尽量避免地面潮湿时割草，以减少地表或地表浅层的水蒸气进入草条。露水能使 1 公顷的草多出 1~2 吨的水，露水大的地方，增加的更多。

十一、管理因素如何影响燕麦青草的干燥速度？

在所有的管理因素中，草条的堆放方式对干燥速度影响最大。宽的、堆放均匀的拱形草条，风和阳光的穿透率最大，降雨渗透率最低，干燥速度最快。在澳大利亚，国内用草和出口用草的割幅不一样。低密度的草条干燥速度更快，但由于太阳光容易渗透，草的色泽不是太好，生产的草主要用于国内销售。出口的草通常采用窄而密的草条，阳光不容易透过，色泽好，价格更高。草条的宽度一定要与打捆机捡拾器的宽度非常吻合，以确保所有的草都能被捡起，而且能被均匀喂入打捆机。如果草条比较窄，拖拉机手需要沿着草条左右转动，以便保持草均匀进入打捆室。割草速度过快经常会导致草条成堆或草条顶端呈"V"形或"U"形。这种形状的草条很容易积累雨水并使雨水进入草条中心，而不是将雨水排出草条外。如果需要快速割草，一定要关注草条的形状，调整喂入槽，避免形成形状不佳的草条。

十二、机械因素如何影响燕麦青草的干燥速度？

（1）摊晒机。摊晒机通过将草条铺薄，加快干燥速度。但摊晒机作业时容易将土或地面其他污染物带入草捆，大多数草是晒干而不是阴干，导致颜色不是特别好，所以一般不用于生产高质量的干草。是否使用摊晒机还要考虑天气情况。如果有可能遇到降雨，就需要用摊晒机加快干燥速度。

（2）强力压扁设备。茎秆中 30% 的水通过叶片散失，70% 的水通过茎散失。使用压扁或强力压扁设备，通过将茎秆折断及挤压茎节，能加快茎中水分的散失。叶表面气孔散失水分的速度为每小时每吨草 100 升，压扁处理过的茎和叶水分散失速度为每小时每吨草 150~180 升。刈割没多久的草遭受雨淋，且之后不会再受雨淋的干草用强力压扁设备处理效果最好。

（3）草条移动机。可以将草条轻轻抬起并翻转到干的地面，但在实践中效果不如使用摊晒机或强力压扁设备。

（4）搂草机。每次搂草会将割草到打捆的时间缩短10%~15%，如果雨比较小，使用搂草机处理淋过雨的草条效果比较好。搂草虽然能加速干燥，但每次搂草都会造成叶片脱落和增加沙土等污染物进入草捆的机会。所以,搂草机被经常用来处理草条,使得草条与打捆机相匹配,以减少打捆机的无效工作时间,提高打捆机工作效率。

十三、如何避免燕麦青干草含水量过低?

如果天气状况适合晾晒干草,使用强力压扁设备会导致干草含水量过低,打出的草捆不好看,并且会使种植效益降低。因此是否使用强力压扁设备一定要考虑天气情况。强力压扁设备比割草机的压扁辊压力大,会持续挤压整个植株,它的两组压扁辊的尺寸和压力都是可调的。强力压扁设备不能在刈割后马上用,防止挤压出太多的汁液,但也不能等草比较干的时候用,防止叶片脱落。

十四、打捆作业需要注意哪些事项?

打捆是干草调制过程中的关键一步,在确定草的含水量、天气情况和机械性能等方面,需要关注很多细节。需要运输和贮藏的草捆一定要密实并且外形整齐。打捆时间的确定和饲草含水量紧密相关。含水量过高时打捆会造成草捆局部霉变,严重时由于局部热量累积达到燃点后遇空气引发火灾;过低时会造成大量叶片破碎脱落,降低产量及品质。科学合理的建议是草条含水量在15%~18%时进行打捆作业,大草捆和高密度草捆要求的含水量还要低一些。打捆作业必须在晴天进行。

十五、草条含水量在多少时适合打捆作业?

建议是草条含水量在15%~18%时进行打捆作业,大草捆和高密度草捆要求的含水量还要低一些。打捆作业必须在晴天进行。

十六、对捡拾压捆机的技术要求有哪些？

打捆作业由捡拾压捆机完成。对捡拾压捆机的技术要求包括捡拾草条要干净，饲草遗漏率低；压捆密度均匀适中，不易发生霉变，草捆成层压缩，开捆后易散开；捆结可靠，运输途中不易散开。打捆作业对驾驶员要求较高，驾驶员需要沿着集拢以后的草条匀速前进，以使饲草能够均匀整齐地进入打捆机进行打捆。过快易造成打捆机阻塞，过慢影响工作效率。按照形成草捆形状分为方草捆打捆机和圆草捆打捆机。圆草捆干草打捆机的优点在于从收获到饲喂需要的劳动力更少，适合于劳动力缺乏地区使用，尤其是对于饲草种植者自产自用时更为实用，也更适合于室外贮藏，缺点是其形状、尺寸和重量因素不适宜室内贮藏和长距离运输。方草捆的优点是便于室内贮藏、运输和商品化。

十七、怎样测定燕麦青干草水分含量？

调制青干草过程中，应随时掌握牧草含水量的变化，以便及时采取有效措施，减少青干草营养成分的损失。青干草含水量的测定，除通过采样进行实验室较准确的测定外，还可以在田间用感应式水分仪进行快速测定。这种水分仪测得的含水量与实验室烘箱法所得的结果差异一般为 1%~3%。

十八、如何根据感官判断燕麦干草的含水量？

在具体生产实践中还可用感官法估测含水量。其方法如下。

（1）含水量50%以下的牧草。燕麦等禾本科牧草经晾晒后，茎叶由鲜绿色变成深绿色，叶片卷成筒状，基部茎秆尚保持新鲜，取一束草用力拧挤，不能挤出水分，而呈绳状，此时含水量为40%~50%。

（2）含水量25%左右的青干草。燕麦等禾本科干草的特征是紧握干草束或揉搓时，不发出"沙沙"响声。易将草束拧成紧实而柔软的草辫，经多次搓拧或弯曲而不折断。

（3）含水量18%左右的干草。禾本科牧草紧握草束或揉搓时，只有"沙沙"响声，而无干裂声，放手时草束散开缓慢，但不能完全散开。叶卷曲，弯曲茎时不易折断。

（4）含水量15%左右的干草。禾本科牧草紧握或揉搓草束时，发出"沙沙"声和破裂声（茎细叶多的干草听不到破裂声），茎秆易断，拧成的草辫松开手后，几乎完全散开。豆科牧草叶片大部脱落且易破碎，弯曲茎秆极易折断，并发出清脆的断裂声。

十九、常用的牧草测水仪是什么？

欧洲进口优质牧草水分检测仪主要具有两个部分（图8-1），一个部分是电子单元，配备液晶显示屏，薄膜键盘，电池盒；另一个部分是带有测量水分和温度传感器的探针、手柄。两个部分由连接电缆连接器（连接电缆是款式2才有的）连接。该仪器除了装有用来测量水分和温度的传感器的顶端位置，探针的其他部位都是绝缘的。正常工作条件下，探针很坚固不容易毁坏。但如果操作或者维护时使用不当，很容易受损。电子单元有内置内存卡可以用来储存和计算多达50次测量的平均值。该仪器具有如下特性。

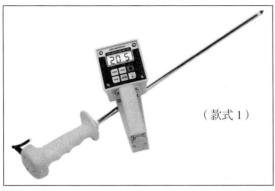

（款式1）

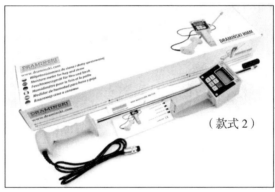

（款式2）

图 8-1　DRAMINSKI 牧草 / 青贮测水仪

（1）用于测量市场上可获得的干草和稻草水分的最耐用的
装置。

（2）在进行必要的操作时可以快速反应，以避免因水分含
量过高而导致的风险和潜在损失。

（3）LCD 显示屏。读取检查批次的干草或稻草的平均、
最小和最大水分值的选项。

（4）该设备具有额外的温度测量功能。

（5）探头由不锈钢制成，可确保耐用性和耐腐蚀性。符合

人体工程学的手柄有助于在紧密压缩的材料中进行测量。

（6）非常容易使用。

（7）有一个修改读数的选项。

二十、什么叫青贮？

青贮饲料是指青玉米秆、牧草等青绿饲料经切碎、填入、压实在青贮塔或窖中并密封，在密封条件下，经过微生物发酵作用而调制成一种多汁、耐贮存、质量基本不变的饲料，这种调制饲料的方法称青贮。青贮饲料时应把握 4 个关键，即糖分、水分、密封、温度，并遵循"四快"原则，即快收、快运、快装、快封。

二十一、什么叫牧草捆裹青贮？

牧草捆裹青贮是 20 世纪 80 年代中期畜牧业发达国家首先应用的一项青饲料加工贮存技术，它是在传统青贮方式（如窖贮、壕贮、塔贮、袋贮）基础上研究、开发出来的一种新的饲料青贮方式。捆裹青贮简便易行，用厚度 0.8~1 毫米的无毒农用聚乙烯塑料双幅薄膜，袋的大小可根据需要而定，一般长 1.5~2 米，宽 1 米，裹包青贮。原料应切碎，准备打捆机、包膜机、网膜（丝网）、包膜等。打捆密度每立方米 550 千克，拉伸膜包裹 3~5 层。

二十二、燕麦捆裹青贮的要点是什么？

捆裹青贮就是将刈割后的新鲜燕麦水分降低到设定含水量后切段或不切，采用圆捆捆草机将草料压实，捆成圆形草捆，外面包以丝网，然后利用裹包机，以专用双向拉伸聚乙烯回缩薄膜,将草捆紧紧包裹起来,使其处于密封状态,从而造成一个最佳的发酵环境。在厌氧条件下,经 3~6 周,完成自然发酵过程。

二十三、燕麦捆裹青贮的优点是什么?

燕麦捆裹青贮具有机械化程度高,操作简单且便于移动或运输等优点,可以根据饲喂的需要量开包,从而避免常规青贮使用过程中的二次发酵现象。燕麦捆裹青贮的最大优点就是具有可移动性。燕麦捆裹系统有大型圆捆和小型圆捆两种类型。大型圆捆直径为 120 厘米,高 120 厘米。每捆草重约 500 千克。小型圆捆直径为 55 厘米,高 52 厘米,每捆草重 40 千克。

二十四、如何进行燕麦捆裹青贮?

饲用燕麦生长后期植株高大,茎秆粗壮,而且其茎秆是空心的,因此在整株捆裹青贮时一定要先将茎秆压扁、压破,这样既可以增加捆裹的密度,也可以减少草捆内部的空气,促进发酵过程,保证青贮成功。

青贮原料准备应把好两道关,一是收割时期应在燕麦初花期收割,其营养价值最高,如果收割时间过晚,纤维含量增加,此时产量虽高,但质量变差;二是把秸秆切碎,创造青贮时的无氧环境。燕麦秸秆一定要切碎备用,长度以 2~3 厘米为宜。在青贮过程中,青贮原料的含水量对青贮发酵品质的影响极显著。含水量太高青贮不易成功,大量营养成分渗出,造成营养损失甚至引起霉变,产生大量丁酸;而水分过低会使青贮介质中水的活性降低,限制青贮有益菌群的生长,且水的活性越小,介质中生长的乳酸菌菌落也越小,乳酸菌发酵产生的乳酸量有限，pH值难以下降到适宜水平，不利于青贮发酵的进行。所以，调制青贮饲料时要综合考虑青贮料特性与含水量的关系，不同的青贮饲料有不同的最适青贮含水量。

二十五、如何控制燕麦青贮原料水分的含量？

大多数青贮作物原料，以含水量60%~70%的青贮效果最好。新收获的青草和豆科牧草含水量为75%~80%，这就意味着要将它的含水量降低10%~15%，才适合制作青贮饲料。

燕麦抽穗后至乳熟前期收割，这时营养价值最丰富，可以晾晒0.5~1天，等水分含量为60%~70%时（用手捏时指缝有水渗出，但不滴水），用揉搓机揉搓粉碎至2~3厘米。将糖2%、盐0.5%、尿素0.4%用清水化开后，用洒水壶洒入粉碎好的燕麦草中，拌匀。

二十六、如何利用青贮原料调节燕麦饲草的含水量？

青贮原料含水量的调节：可采用加入干草、秸秆、谷物、干甜菜等含水量少的原料，降低原料含水量。也可将干原料与非常嫩绿的新割植物交替填装，混合储存，提高原料含水量。

二十七、如何快速判断燕麦青贮原料含水量？

一是搓绞法。切碎之前，使饲料适当凋萎，到植物的茎被搓绞而不致折断，其柔软的叶子也不出现干燥迹象时，原料含水量就适于青贮。二是手抓测定法（或挤压法）。取一把切断的植物原料，用力抓压挤后慢慢松开，注意手中原料团球的状态，在团球展开缓慢、手中见水不滴水时原料适于青贮。

二十八、燕麦青贮是否可以使用添加剂？

燕麦青贮气味芳香，营养价值高，动物喜食。但燕麦草含糖量较低，是比较难青贮的饲料，必须加入添加剂适当调节才能青贮，添加剂种类有生物的和非生物的两种。

二十九、燕麦青贮常见的非生物添加剂有什么作用？

常见的非生物青贮添加剂有尿素、食盐和糖。牛、羊草食家畜青贮饲料中可添加尿素，添加尿素是用来增加青贮饲料的 CP 含量；添加量以原料总量的 0.3%~0.5% 为宜，加尿素的条件是每吨青贮饲料中含干物质量不超过 40%。食盐的作用是促进细胞液渗出，有利于乳酸菌发酵，从而提高青贮秸秆的适口性、利用率和营养价值；食盐添加量以原料总量的 0.1%~0.15% 为宜。青贮饲料糖分在乳酸菌的作用下产生乳酸和乙醇，具有浓厚的酒酸味和芳香气味。

在添加各种添加剂时，必须使添加剂在青贮饲料中分布均匀，可采用溶液喷洒或薄层施加的办法添入，否则易导致家畜中毒。

三十、燕麦青贮常见的生物添加剂有什么作用？

生物添加剂目前商品种类很多，但多数是乳酸菌制剂。在青贮发酵过程中，乳酸菌不但会代谢生成芳香类物质，如乳酸，显著影响青贮饲料的品质，而且还会产生某些抑菌物质，如细菌素，起到抑制青贮有害微生物活动的作用。对大多数乳酸菌而言，pH 值等于 3.8 是生命活动的临界值，一旦青贮原料酸度降至 3.8 以下时，乳酸菌的生长将会受到强烈抑制，青贮发酵过程将趋于停止。合理利用乳酸菌青贮添加剂、选择适宜菌种是获得良好青贮效果的重要保证。已有试验表明添加剂对燕麦青贮品质的提高具有明显作用；生物类添加剂青贮效果优于非生物类。当灌浆期燕麦含水量达到65%~70%时添加乳酸菌类添加剂进行捆裹青贮，可获得优质青贮料。

三十一、感官上如何判断燕麦青贮饲料的优劣？

包裹燕麦40~50天，青贮完成。品质良好的青贮燕麦压得很紧密，拿到手上很松软，质地柔软，略为湿润。颜色暗绿色，具有浓厚的酒酸味和芳香气味。

皮燕麦籽粒

裸燕麦籽粒

燕麦侧散穗型

燕麦周散穗型

燕麦紧穗型

燕麦坚黑穗病
发病穗子

燕麦红叶病
叶片

燕麦红叶病
田间表现

蒙饲燕 1 号旱作栽培

割倒晾晒的草条

搂草机

大方捆打捆机

裹捆机

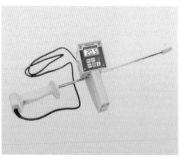

牧草测水仪